MES INVENTIONS

NOUVELLES SOURCES D'ÉNERGIE RENOUVELABLE

1. Machine à pression atmosphérique
2. Machine hydrostatique
3. Machine atmosphérique à cycle frigorifique
4. Invention d'un nouvel appareil pour la protection des courants de fuite sans prise de terre

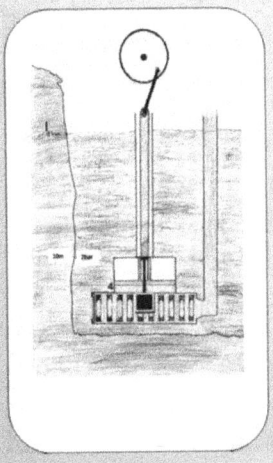
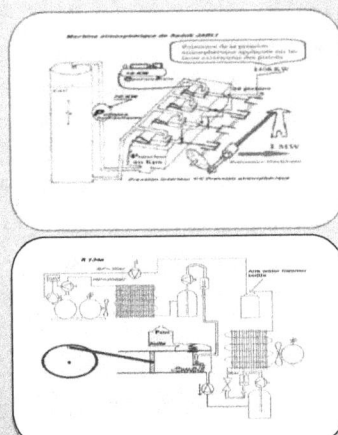

MES INVENTIONS

NOUVELLES SOURCES D'ÉNERGIE RENOUVELABLE

Ce livre contient les documents descriptifs de mes inventions avec toutes les informations scientifiques et techniques prouvant la possibilité d'utiliser la pression atmosphérique ambiante et la pression hydrostatique de l'eau comme nouvelles sources d'énergie renouvelable.

J'ai renoncé aux droits de propriété industrielle de ces inventions pour contribuer au développement du domaine des énergies renouvelables et ouvrir de nouveaux horizons à la recherche dans ce secteur que je considère comme le seul havre pour l'humanité pour se débarrasser des problèmes de pénurie d'eau et de nourriture .

1. Invention d'une nouvelle technologie pour produire de l'énergie renouvelable par pression atmosphérique: **Machine atmosphérique**

2. Invention d'une nouvelle technologie pour produire de l'énergie renouvelable au moyen de la pression hydrostatique de l'eau: **Machine hydrostatique**

3. Invention d'une machine atmosphérique utilisant un cycle frigorifique pour produire de l'énergie électrique: **Machine atmosphérique à cycle frigorifique**

4. Le livre contient également mon invention "**Nouvel appareil de protection contre les courants de fuite sans prise de terre**" destiné à minimiser les risques résultant des inconvénients des disjoncteurs différentiels et des systèmes neutres pour protéger des millions

d'utilisateurs autour du monde qui ne disposent pas de mise à la terre où se trouve le plus grand nombre de victimes de chocs électriques.

Je voudrais inviter toutes les institutions et tous les chercheurs intéressés par ce secteur à poursuivre les recherches sur ces systèmes.

Nous pouvons produire de l'énergie renouvelable à partir de tout ce qui nous entoure, comme la pression atmosphérique, la pression hydrostatique et la gravité.

Vous pouvez utiliser ces recherches à votre profit (projets de fin d'études, thèses, développement, construction ...) sans aucun problème juridique.

Je veux juste que ces nouvelles sources soient utilisées pour générer de l'énergie renouvelable.

1. Machine à pression atmosphérique

Il s'agit d'une description de mon invention intitulée « Machine à Pression Atmosphérique » avec toutes les informations scientifiques et techniques qui prouvent la possibilité d'exploiter la pression atmosphérique comme nouvelle source d'énergie renouvelable.
Le document descriptif se compose de deux parties :
- La 1ère partie : description d'une invention se rapportant à l'aspect théorique, et prouvant scientifiquement la possibilité de produire un mouvement mécanique continu grâce à la pression atmosphérique.

- La 2ème partie : description d'une invention se rapportant à l'aspect pratique, il s'agit d'un développement de la 1ère invention, Cette description traite les aspects pratiques de l'application de l'invention et contient toutes les informations techniques et scientifiques nécessaires

La Machine à pression atmosphérique est une turbine atmosphérique qui capte l'énergie cinétique provoquée par les pistons grâce à l'énergie de la pression atmosphérique appliquée sur les faces extérieures de ceux-ci.

Principe de conservation de l'énergie : L'énergie d'entrée est l'énergie de pression atmosphérique appliquée sur les pistons (converti en Energie Cinétique), l'énergie de sortie est l'énergie électrique et le rendement est 0,7.

2. Machine hydrostatique

La présente invention concerne une machine hydrostatique émergée dans l'eau pour une profondeur bien déterminé (10m, 20m, ou plus) et destinée à produire de l'énergie électrique renouvelable à partir de l'énergie provoquée par la pression hydrostatique appliquée sur le piston. C'est une nouvelle technologie de production de l'énergie renouvelable caractérisée par un taux de conversion très élevé indépendamment du lieu et du climat avec un coût de fabrication très faible par rapport aux autres sources d'énergie renouvelable. Le dossier comporte toutes les informations scientifiques et techniques nécessaires.

3. Machine atmosphérique à cycle frigorifique

La présente invention concerne une machine atmosphérique à cycle frigorifique destinée à produire de l'énergie électrique renouvelable à partir de l'énergie de la pression atmosphérique fournit par la nature et appliqué sur la face extérieure de(s) piston(s).

Pour cette machine la pression de l'air extérieure est l'origine de la force motrice du système.

4. Invention d'un nouvel appareil pour la protection des courants de fuite sans prise de terre

L'appareil de protection contre le contact indirect sans prise de terre est destiné à minimiser les risques résultant des inconvénients des disjoncteurs différentielles et des régimes de neutre et protéger des millions d'utilisateurs autour du monde qui n'ont pas une prise de terre où se trouve le plus grand nombre des victimes des chocs électriques.

Machine à pression atmosphérique

Préambule :

Ce livre s'agit d'une description de mon invention intitulée « Machine à Pression Atmosphérique » avec toutes les preuves scientifiques et techniques qui prouvent la possibilité d'exploiter la pression atmosphérique comme nouvelle source d'énergie renouvelable.

La description de l'invention se compose de deux parties:

- La 1ère partie : description d'une invention ayant obtenu un certificat de Brevet Tunisien, se rapportant à l'aspect théorique, et prouvant scientifiquement la possibilité de produire un mouvement mécanique continu grâce à la pression atmosphérique.

- La 2ème partie :

description d'une invention enregistrée à Tunis.

Il s'agit d'un développement de la 1ère invention.

Cette description traite les aspects pratiques de l'application de l'invention. Elle contient toutes les informations techniques et scientifiques nécessaires. C'est cette invention qui vise les produits qui seront réellement ciblés par la mise en valeur et la production de machines à pression atmosphérique.

Remarque :

La Machine à pression atmosphérique est une turbine atmosphérique qui capte l'énergie cinétique provoquée par les pistons grâce à l'énergie de la pression atmosphérique appliquée sur les faces extérieures de ceux-ci.

Principe de conservation de l'énergie:

L'énergie d'entrée est l'énergie de pression atmosphérique appliquée sur les pistons (converti en Energie Cinétique), l'énergie de sortie est l'énergie électrique et le rendement est $0,7$.

Invention

Machine à pression atmosphérique

(Aspect théorique)

Mise en situation

La présente invention concerne une machine qui exploite la pression atmosphérique comme nouvelle source d'énergie renouvelable.

C.à.d. la machine proposée utilise la pression atmosphérique pour donner un mouvement mécanique.

L'invention proposée est basé sur deux observations simples.

1ere Observation :

Soit le seringue suivant :

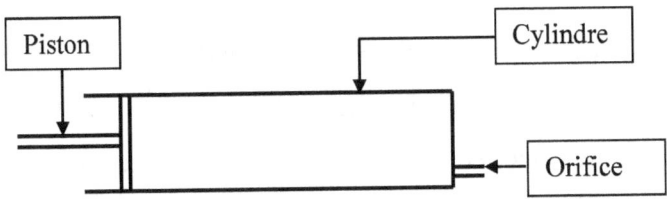

- Si on ferme l'orifice du seringue et on tire le piston puis en lâche, alors le piston rentre très vite a sa position initial grâce a la diminution de la pression a l'intérieure.

⇒ Le mouvement du piston est nécessairement produit par une force $\vec{F}$ qui provient de la différence de la pression sur la quelle est suomi la section du piston et comme $P_{atm} > P_{int}$

$$\Rightarrow (P_{atm} - P_{int}) \times S_p = F$$

2eme Observation

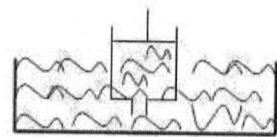

- On ferme l'orifice de seringue.
- On tire le piston ⇒ diminution de la pression intérieure de seringue
- Sans lâcher le piston on émerge la seringue dans un liquide.
- On ouvre l'orifice.

⇒ Le liquide s'écoule à l'intérieur du cylindre jusqu'à occuper le volume vide.

A partir de ces deux observation j'ai pensé à construire une machine qui est constitué de deux cubes chaque cube est relié a un cylindre. Les deux cylindres contenant le même piston ou reliés à un vilebrequin.

- A chaque cube on trouve deux ouvertures l'une est liée a un bassin qui contient un liquide et l'autre est liée a un réservoir fermé vide son pression intérieur est très faible devant la pression atmosphérique. L'ensemble cube et cylindre est appelé chambre intermédiaire.

- Un dispositif de pilotage qui commande les ouvertures des deux chambres intermédiaire mètre à chaque fois l'un des extrémités du piston sous l'effet de la différence de la pression $\Delta P = P_{atm} - P_{int}$
- Le pilotage des quatre ouvertures se fait d'une manière synchronisé.
- Une pompe hydraulique reliée au réservoir pour écouler la quantité du liquide donné par chaque cycle de mouvements.
- Le dispositif du pilotage est synchronise de la manière suivante :
  1cycle/ seconde $\Leftrightarrow Q_{Vpompe} = 2 \times Vchambre\ intermédiaire/\ S$
- On ne peut jamais laisser le piston marche spontanément parce qu'on ne peut pas gagner du travail.

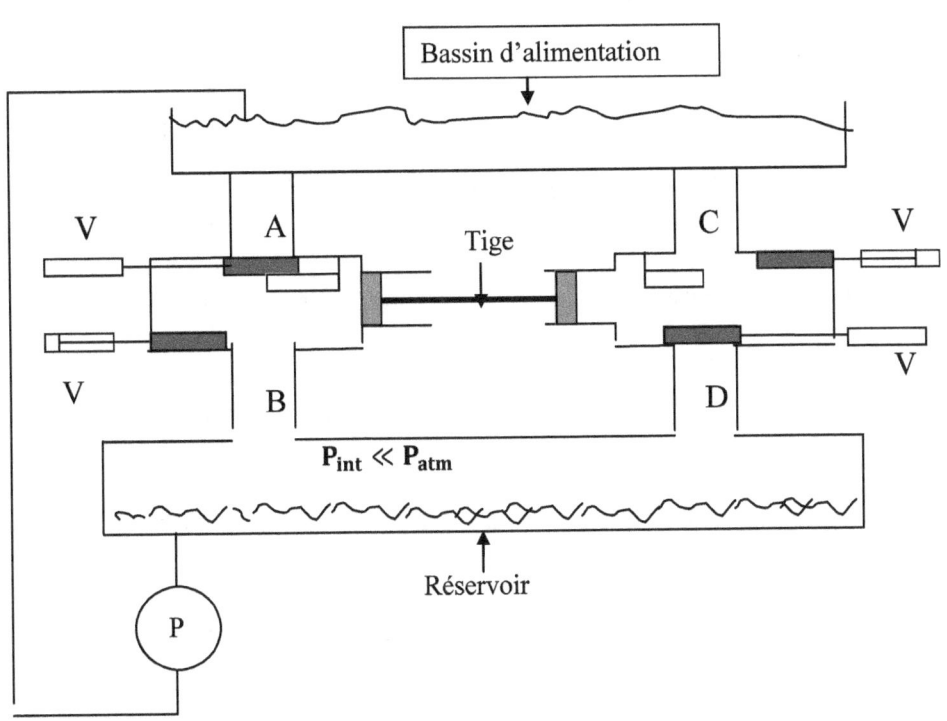

Schéma de la machine (point de vie théorique)

Remarque : les deux pistons sont liés par un Tige ou un vilebrequin

Description du fonctionnement

La machine est constituée de :

- Bassin d'alimentation qui contient un fluide en cas liquide.
- Un réservoir ferme vide de pression intérieure très faible par rapport à la pression atmosphérique et supérieure a la pression de saturation du liquide utilisé.
- Une pompe hydraulique liée au réservoir doit écouler le liquide vers le bassin d'alimentation
- Deux chambres intermédiaires

1. Fonctionnement

Le bassin et le réservoir sont lie par deux chambres intermédiaires.

La chambre intermédiaire est construite d'un cube à deux ouvertures liée à un cylindre.

- L'ouverture supérieure est liée au bassin d'alimentation.
- L'ouverture inferieur est liée au réservoir.
- Les deux pistons des deux cylindres sont liés par la même tige ou par un vilebrequin
- Les deux chambres intermédiaires sont pilotées par un système de pilotage qui commande les quatre ouvertures.
- Le système de pilotage se compose de quatre vérins pneumatiques et un compresseur.

- La machine fonctionne lorsqu'on commande les quatre ouvertures de la manière suivant :

  ❖ **Phase initial :**
  A: fermé   ET   C: ouverte
  B: ouverte   D: fermé

  ❖ **Phase intermédiaire :**
  A: fermé   ET   C : fermé
  B: fermé   D : fermé

  ❖ **Phase final :**
  A: ouverte   ET   C : fermé
  B: fermé   D : ouverte

Donc à chaque fois qu'on change les conditions des ouvertures en respectant les trois phases précédentes on va mètre l'un des deux pistons sous l'effet de la déférence de pression $\Delta P = P_{at} - P_{int}$ et laisser l'autre piston libre

Le rôle de la phase intermédiaire est d'éviter l'aspiration directe du liquide entre le réservoir et le bassin d'alimentation.

Le changement des conditions des ouvertures donne un mouvement de translation de tige ou un mouvement de rotation de vilebrequin liée à ces deux pistons.

- Le mouvement des deux pistons doit être synchronisé et ne se fait jamais d'une manière spontané.

C.à.d.

Le système de pilotage change les conditions des ouvertures deux fois par seconde (2fois / seconde) ce qui donne un seul cycle par seconde (1cycle / Seconde).

Ce qui donne un seul cycle par seconde (1cycle/ seconde).
- La pompe hydraulique doit élever la quantité de fluide donné par chaque cycle du réservoir au bassin d'alimentation ce qui donne $Q_v = 2\ V_{ch}/s$

Remarque :

$$\begin{cases} Q_v\text{: debut volumique de la pompe} \\ V_{ch}\text{: Volume de la chambre intermédiaire} \end{cases}$$

Si on choisie une autre solution ou' le piston fonctionne spontanément le travail de la pompe doit dépasser le travail des pistons et on ne peut pas gagner du travail par cette machine.

Alors : la seul solution pour gagner du travail c'est de synchroniser le commande des ouvertures.

2. Fonctionnement du système de pilotage :

Le système de pilotage est constitue de quatre vérins pneumatique et un compresseur.

Les vérins sont temporisés pour donner un cycle par seconde.

Schéma du système de pilotage de point de vie théorique.

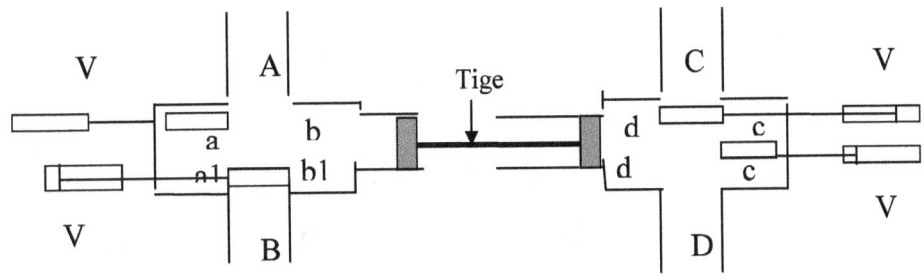

V1, V2, V3, V4 : des vérins pneumatiques

a, b, a1, b1, d, c, d1, c1 : des capteurs de position

Le GRAFSET suivant explique le fonctionnement du système de pilotage :

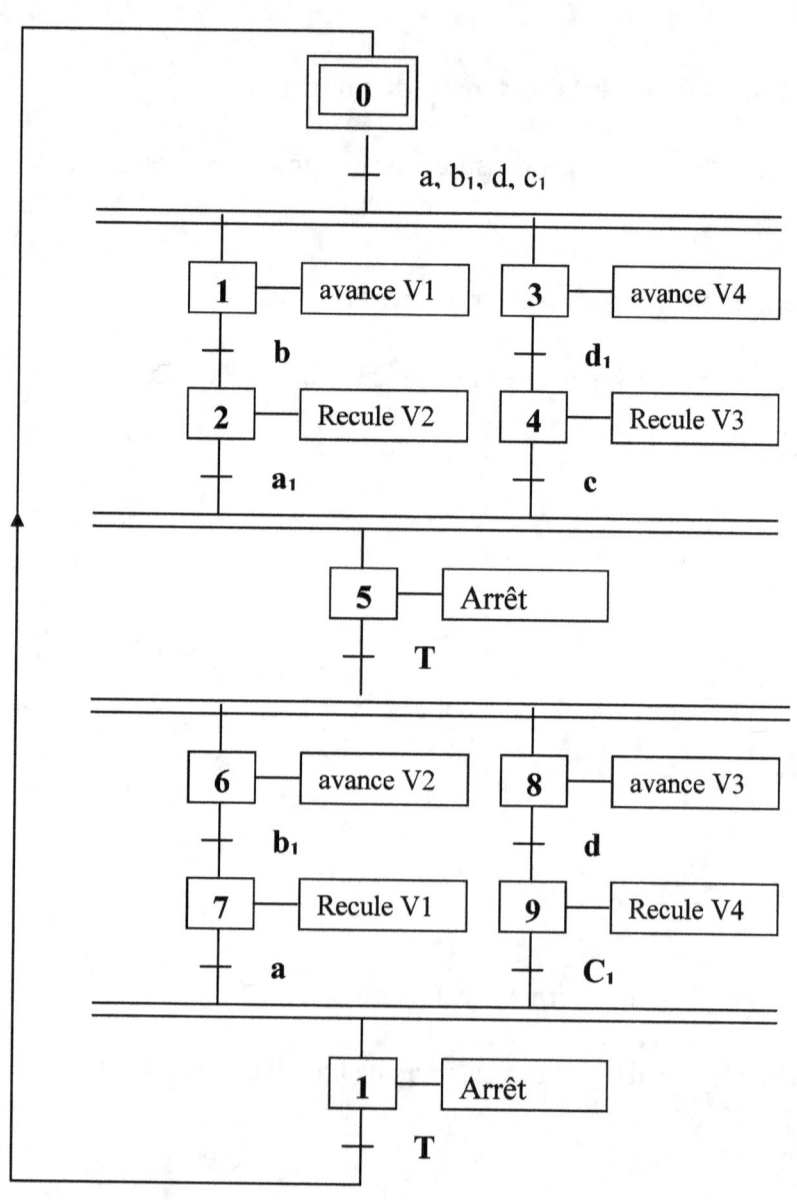

Conditions nécessaires au bon fonctionnement

- Le volume des deux chambres intermédiaires doit être faible par rapport au volume du bassin d'alimentation et volume du réservoir.

$V_{ch} \ll V_{resev} \Rightarrow P_{rint} \cong$ **constante**
$V_{ch} \ll V_{bassin} \Rightarrow$ **contunuité d'ecoullement**

- La pression intérieure doit être faible par rapport à la pression atmosphérique.
- La pression intérieure doit être supérieure à la pression de saturation du liquide utilise.
- Le système de pilotage doit être synchronisé pour donner un cycle de mouvement par seconde.
- Avant création du vide (diminution de la pression) par la pompe à vide il faux fixer un niveau bien déterminer de fluide utiliser et le garder après par la pompe hydraulique.
- Les ouvertures et les pistons utilisés doivent être de même section.

Calcul du travail de la machine :

1. Travail de la pompe hydraulique

La pompe est située au dessous de réservoir elle doit élève du liquide du réservoir au bassin d'alimentation dont le niveau et de 5m.

On estime la perte de charge à 0,1 m

Le fluide utilisé est l'eau de masse volumique $\rho = 1000 \, Kg/m^3$

Appliquant L'équation du Bernoulli au système suivant :

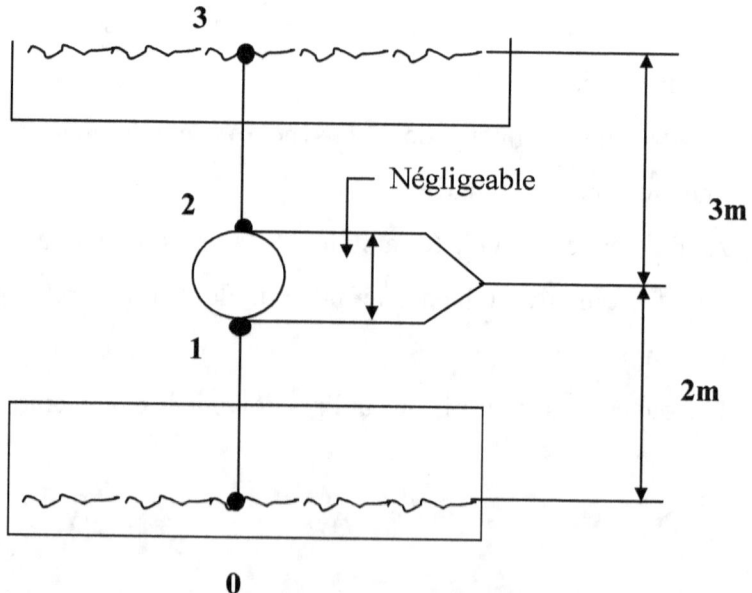

$$\omega_{0-3} = \frac{P_3 - P_0}{\rho} + \frac{1}{2}(C_3^2 - C_0^2) + g((Z_3 - Z_0) + J_{0-3})$$

$$P_3 = P_{atm} = 101,325 \text{KPa} = 10^5 \text{ Pa}$$

$$P_0 = 20 \text{KPa} = 2 \cdot 10^4 \text{ Pa}$$

$$C_3 = C_0 = (\text{fulide immobile hors du conduit})$$

$$J_{0-3} = 0,1 \times 5 = 0,5 \text{m du fluide}$$

S'ajoutant à $Z_3 - Z_0$

Il vient $\omega_{0-3} = P_3 - P_0 + \frac{1}{2}\rho(C_3^2 - C_0^2) + g\rho((Z_3 - Z_0) + J_{0-3}) =$ **133900 J**

Alors $\omega_{\text{pompe hydrolique}}$ = **133900 J = 133.9Kj**

2. Travail du système du pilotage

La solution technologique utilisé laisse le travail du système de pilotage très faible par rapport au travail du piston.

Parce que la force du vérin et perpendiculaires à la force appliquée sur la surface qui ferme l'ouverture.

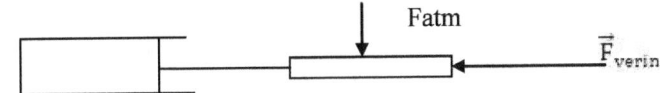

Conclusion :

$$\omega_{\text{piston}} \gg \omega_{\text{pompe}}$$

Le gain du travail provient de la discontinuité d'écoulement Grace à la synchronisation du système de pilotage ce qui laisse le travail de la pompe hydraulique faible par rapport au travail des deux pistons.

Exemple de dimension et calcul de puissance de la machine

1. Etude d'un système (Réservoir+cylindre à piston).

Soit le système suivant :

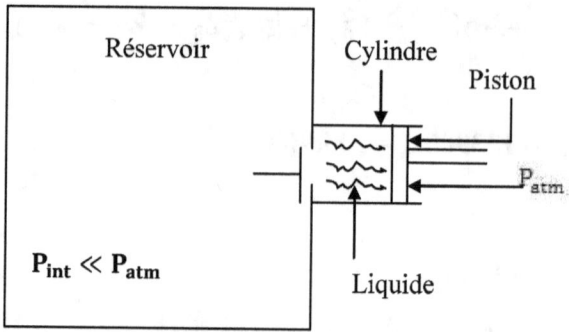

Ce système est soumis aux conditions suivantes :

- P_{int} du réservoir est très faible par rapport à la pression atmosphérique.
- Pression de saturation du fluide en fonction de température est inferieur à la pression intérieur du réservoir pour que le fluide reste en cas liquide.

$S_A > S_B$ et $f \cong 0$

S_A : Section du piston

f : Coefficient de frottement

S_B : Section de l'ouverture

Appliquant le théorème de Bernoulli :

$$\frac{\rho V_A^2}{2} + \rho g Z_1 + P_A = \frac{\rho V_B^2}{2} + \rho g Z_B + P_B$$

$$\Leftrightarrow \frac{1}{2g}(V_B^2 - V_A^2) = \frac{(P_A - P_B)}{\rho g}$$

$$\Leftrightarrow V_B^2 - V_A^2 = \frac{2(P_A - P_B)}{\rho}$$

Or on a $V_B S_B = V_A S_A \Rightarrow V_A = V_B \dfrac{S_B}{S_A}$

$$V_B^2 - (V_B \frac{S_B}{S_A})^2 = \frac{2(P_A - P_B)}{\rho}$$

$$V_B^2 \left(1 - (\frac{S_B}{S_A})^2\right) = \frac{2(P_A - P_B)}{\rho}$$

Avec $S_A > S_B \Rightarrow (\dfrac{S_A}{S_B})^2 < 1$

$$V_B^2 = \frac{2(P_A - P_B)}{\rho\left(1 - (\frac{S_B}{S_A})^2\right)}$$

$$V_B = \sqrt{\frac{2(P_A - P_B)}{\rho\left(1 - (\frac{S_B}{S_A})^2\right)}}$$

Et $V_A = \dfrac{V_B S_B}{S_A}$

2. Puissance des deux pistons

Soit diamètre de piston d= 20cm = 0,2m.

Le liquide utilisé est l'eau de masse volumique $\rho = 1000 Kg/m^3$.

$$S_{piston} = \frac{0,2^2}{4}\pi = 3,14 \cdot 10^{-2} m^2$$

$$P_{int} = 20 Kpa = 20 \cdot 10^3 Pa$$

$$P_{atm} = 101 Kpa \cong 10^5 Pa$$

$$F = (P_{atm} - P_{int}) \times S_{piston}$$

$$AN : F = (10^5 - 20 \times 10^3) \times 3,14 \cdot 10^{-2} = 2512 \text{ N}$$

On pose que la section de l'ouverture est légèrement inferieur à la section du piston pour calculer la vitesse du piston de la machine par le théorème de Bernoulli.

Soit diamètre de l'ouverture égale 19 cm alors

$$V_B = \sqrt{\frac{2(P_A - P_B)}{\rho\left(1 - \left(\frac{S_B}{S_A}\right)^2\right)}}$$

Avec $S_{piston} = \frac{0,2^2}{4}\pi = 3,14 \cdot 10^{-2} m^2$

$$S_B = \frac{0,19^2}{4}\pi = 2,83 \cdot 10^{-2} m^2$$

$$AN: V_B = \sqrt{\frac{2 \times 80 \times 10^3}{0,85 \times 10^3 \times 0,2}} = 30.67 \text{ m/s}$$

$$\Rightarrow V_p = \frac{S_B}{S_A} V_B$$

$$AN: V_p = 30.67 \times 0,8 = 24.5 \text{ m/s}$$

Alors la puissance mécanique du piston est :

$$P_m = F \times V_p$$

$$AN: P_m = 2512 \times 24.5 = 61544 W = 61.544 \text{ KW} = 83.9 \text{ Cv}$$

Donc la puissance mécanique d'un cycle de mouvement est :

$$P_{m \text{ des pistons}} = 2 \times P_m$$

$$AN: P_{m \text{ des pistons}} = 167,8 \text{ Cv} = 123 \text{ KW}$$

3. Puissance de la pompe hydraulique

La pompe hydraulique doit élève l'eau de masse volumique :

$$\rho = 1000 \text{ Kg/m}^3$$

Le début de la pompe est $Q_V = 2 \times V_{chambre\ intermidiaire}$ /s

$$V_{chambre\ intermidiaire} = V_{cube} + V_{cylindre}$$

$V_{cube} = (0,4)^3 = 0,064 \text{ m}^3$ et $V_{cylindre} = 15,7 \times 10^{-3} \text{m}^3 \Rightarrow$
$V_{chambre\ intermidiaire} = 79,7\ 10^{-3} \text{m}^3 = 79,7\ \ell$

On pose que le début de la pompe est $Q_V = 80\ \ell/S$ et On a $W_{pompe} = 133900 \text{ J}$

Alors $P_{m\ pompe} = W_{pompe} \times Q_{massique} = W_{pompe} \times Q_V$

$P_{m\ pompe} = 133900 \times 80 \times 10^{-3} = 10712 \text{ W} = 10,712 \text{ KW} = 14,5 \text{ Cv}$

4. Puissance du système de pilotage

On peut utiliser un compresseur de puissance 5.5 Cv

5. Puissance de la Machine

La puissance gagner par la machine est :

$$P_{machine} = P_{m\ des\ piston} - (P_{pompe} + P_{systeme})$$

Avec $(P_{pompe} + P_{systeme}) = 20\ Cv$

AN : $P_{mach} = 167.8 - 20 = 147.8 Cv = 108.7\ Kw$

Développement de la Machine à pression atmosphérique

(Aspect Pratique)

Présentation :

La présente invention concerne un développement de mon invention breveté en date du 04/06/2014 sous le titre : Machine à pression atmosphérique, brevet d'invention N°23128.

Dans la machine précédemment brevetée, c'est la pression atmosphérique qui fournit le travail où deux pistons reliés par une tige ou un vilebrequin se mettent en mouvement lorsque le vide aspire l'un des deux pistons et laisse l'autre libre.

Le développement concerne :

- Une machine à pression atmosphérique monocylindrique à trois temps
- Une machine à pression atmosphérique multi-cylindrique à trois temps
- Une microcentrale atmosphérique.
- Une Centrale atmosphérique.

Description du fonctionnement :

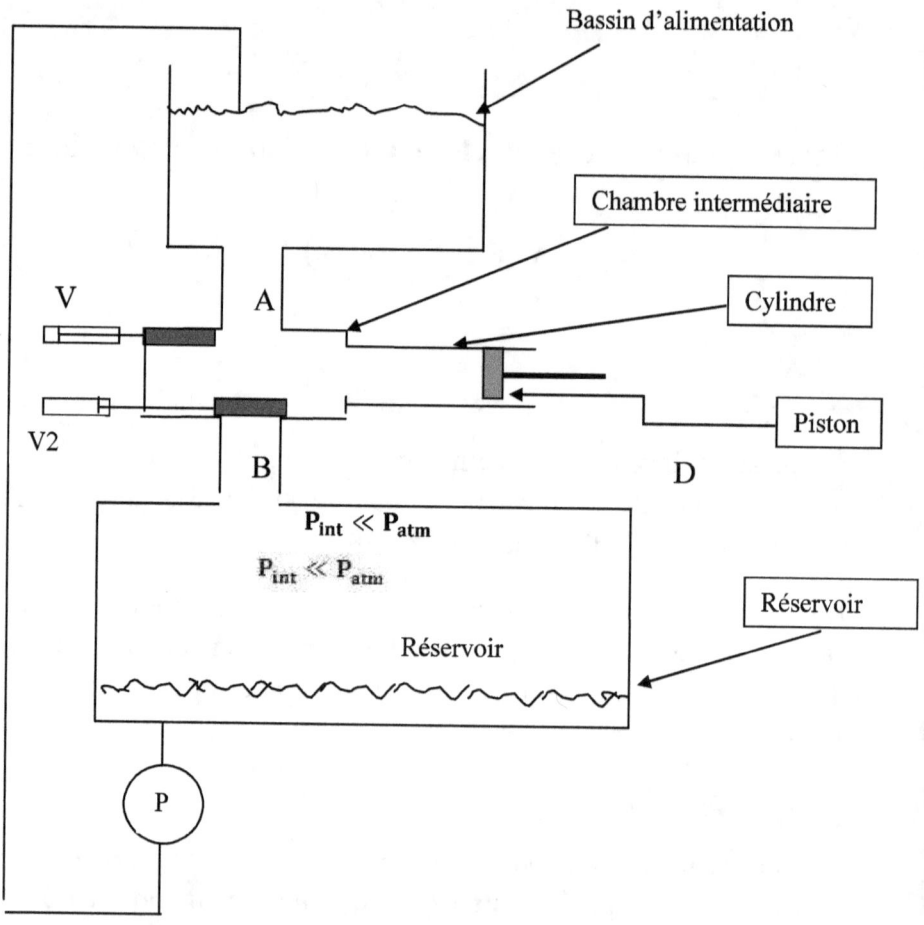

La machine est constitué de :

- Bassin d'alimentation contenant un liquide.
- Un réservoir vide à pression intérieure très faible par rapport à la pression atmosphérique et supérieure à la pression de saturation de liquide utilisé …..

- Une ou plusieurs chambres intermédiaires suivant la nature de la machine (monocylindrique ou multi cylindrique).
- La chambre intermédiaire est construite d'un parallélépipède rectangle à deux ouvertures liées à un cylindre muni d'un piston.
- L'ouverture supérieure est liée au bassin d'alimentation et l'ouverture inférieure est liée au réservoir vide.

Chambre intermédiaire

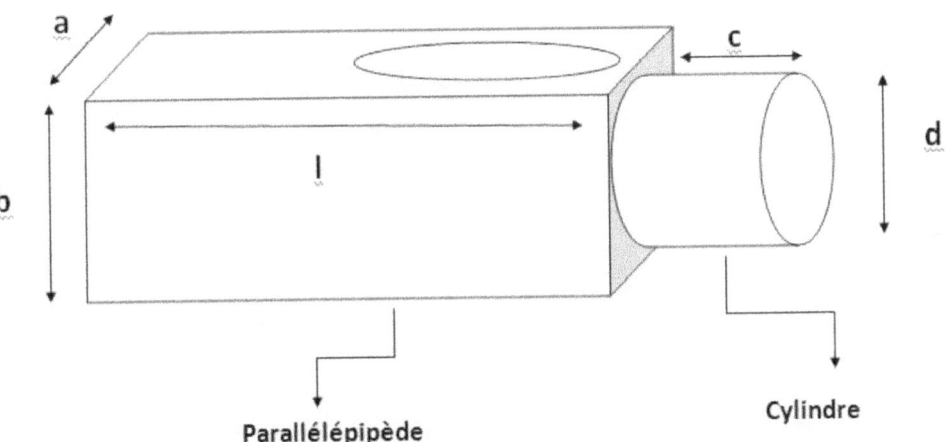

- Un système de pilotage est destiné à commander la chambre intermédiaire pour que le piston communique avec le bassin d'alimentation et le réservoir vide suivant un cycle de fonctionnement à trois temps (un cycle par seconde).
- Le système de pilotage se compose des vérins pneumatique, des capteur de présence est d'un compresseur pour ouvrir et fermer les ouvertures d'une manière synchronisé de sorte que le vide aspire le piston (ou l'ensemble des pistons) une seule fois par seconde sous l'effet de la différence de pression ($\Delta P = P_{atmosphérique} - P_{intérieur}$) qui agit sur la face extérieur des pistons (ou l'ensemble des pistons).

- Une pompe hydraulique liée au réservoir doit écoulée la quantité du liquide déversé durant chaque cycle vers le bassin d'alimentation.
- Le choix de la pompe se fait de manière que le débit volumique de la pompe doit être égale à la quantité du liquide donnée par chaque cycle Ce choix respecte l'égalité $Q_V = n * V_{\text{Chambre intermédiaire}}/s$. avec {$Q_V$: débit volumique, n : nombre des chambres intermédiaires de la machine}.
- Le cycle de fonctionnement d'une machine à pression atmosphérique est un cycle à trois temps :
  ❖ Premier temps : admission

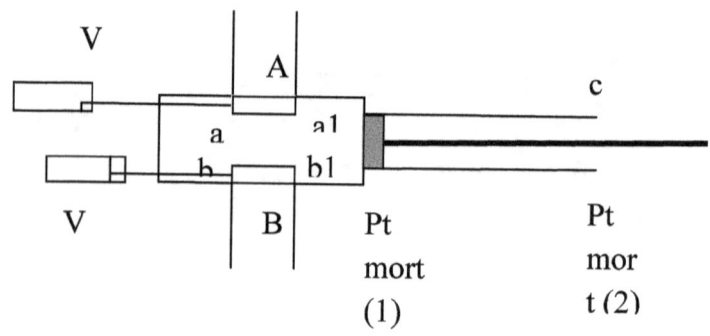

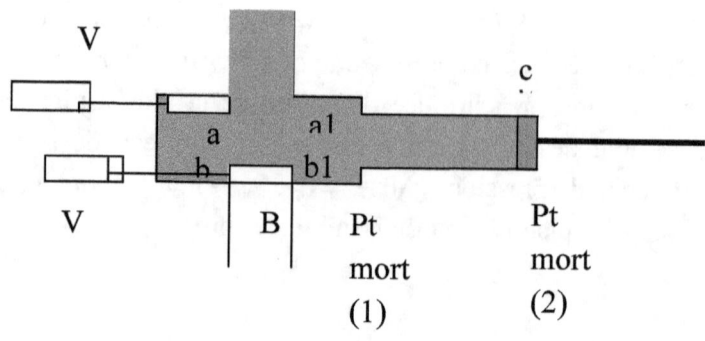

- Ouverture de la glissière d'admission
- Déplacement du piston du point mort (1) au point mort (2)
- Remplissage du cylindre par le liquide

❖ Deuxième temps : temps de synchronisation.
- Un temps d'arrêt T= 1s (une seconde)
- Mouvement libre de va et vient du piston entre le point mort (1) et le point mort (2) grâce au volant d'inertie ou au vilebrequin lié au piston (piston libre).

❖ Troisième temps : temps d'aspiration (temps moteur)

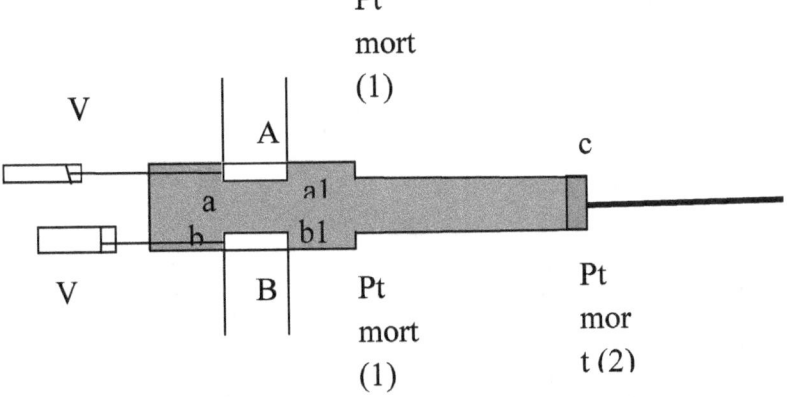

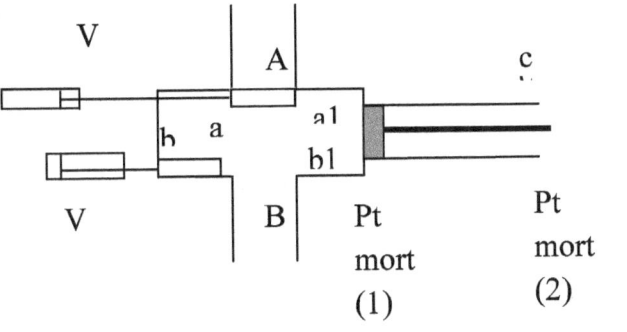

- ➢ Présence du piston au point mort (2) (capteur de présence).
- ➢ Fermeture de la glissière d'admission.
- ➢ Ouverture de la glissière d'aspiration.
- ➢ Déplacement du piston du point mort (2) au point mort(1).
- ➢ Fermeture de la glissière d'aspiration.
- ➢ Ouverture de la glissière d'admission.

- Le GRAFSET suivant explique le fonctionnement du système de pilotage d'une seule chambre intermédiaire.

    Soient :
    a, a_1 : capteurs de position du vérin V_1
    b, b_1 : capteurs de position du vérin V_2
    c : capteur de présence du piston au point mort (2)

GRAFSET

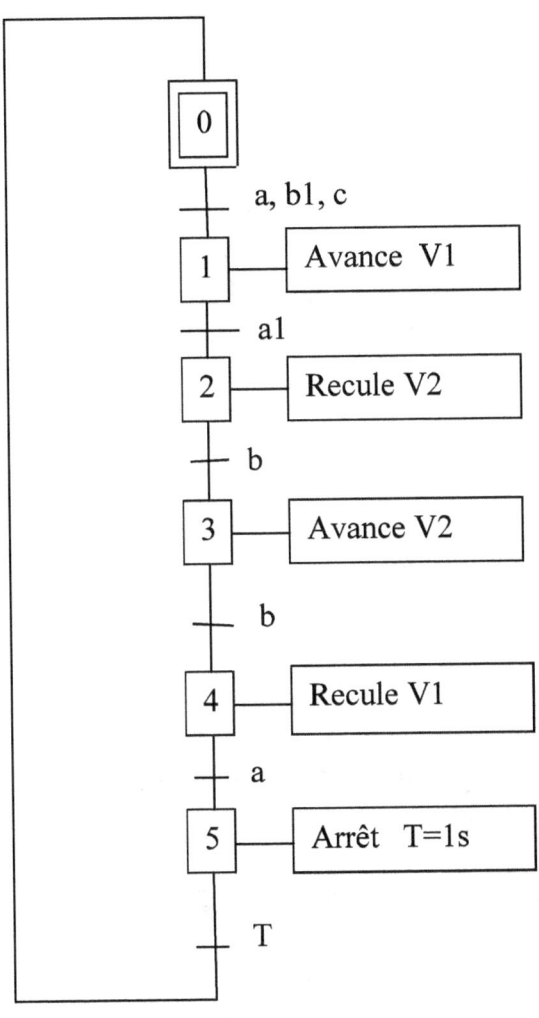

Remarque : Le temps d'arrêt (synchronisation se fait à partir du capteur « c » ⟹ « c » fonctionne une seule fois par seconde.

➕ Conditions nécessaires au bon fonctionnement :
- Le volume de la chambre intermédiaire doit être faible par rapport au volume du bassin d'alimentation et par rapport au volume du réservoir
  $n*V_{chambre} \ll V_{réservoir} \Longrightarrow P_{intérieur}$ = constante.
  $n*V_{chambre} \ll V_{bassin} \Longrightarrow$ continuité d'écoulement.
- La pression intérieure doit être faible par rapport à la pression atmosphérique est supérieur à la pression de saturation du liquide utilisée. $P_{saturation} < P_{intérieur} < P_{atmosphérique}$
- Le système de pilotage doit être synchronisé pour donner un cycle par seconde.
- Avant création du vide dans le réservoir (diminution de la pression) par pompe à vide il faut fixer un niveau bien déterminé du liquide pour le garder constant grâce à la pompe hydraulique.

Machine à pression atmosphérique monocylindrique
(Exemple de dimensions et calcul de puissance)

1- *Etude du système* (réservoir + cylindre + piston)
Soit le système suivant :

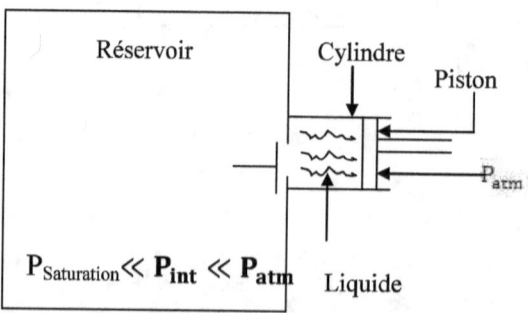

- Le but est de calculé la vitesse du piston de la position initiale à la position finale.

- On a besoin de savoir la durée Δt que fait le piston de la position initiale à la position finale, mais pour calculer la vitesse proche du piston je propose d'appliquer le théorème de Bernoulli où le système est soumis aux conditions suivantes :

* $P_{interieur} = 20$ KPa
* $P_{atmosphérique} = 10^5$ Pa
* $S_A > S_B$ (S_A est légèrement supérieure à S_B)
* force de frottement du piston négligeable
* force de frottement du liquide négligeable.

S_A : Section du piston

S_B : Section de l'ouverture

Appliquons le théorème de Bernoulli :

$$\frac{\rho V_A^2}{2} + \rho g Z_1 + P_A = \frac{\rho V_B^2}{2} + \rho g Z_B + P_B$$

$$\Leftrightarrow \frac{1}{2g}(V_B^2 - V_A^2) = \frac{(P_A - P_B)}{\rho g}$$

$$\Leftrightarrow V_B^2 - V_A^2 = \frac{2(P_A - P_B)}{\rho}$$

Or on a $V_B S_B = V_A S_A \Rightarrow V_A = V_B \frac{S_B}{S_A}$

$$V_B^2 - (V_B \frac{S_B}{S_A})^2 = \frac{2(P_A - P_B)}{\rho}$$

$$V_B^2 \left(1 - (\frac{S_B}{S_A})^2\right) = \frac{2(P_A - P_B)}{\rho}$$

Avec $S_A > S_B \Rightarrow (\frac{S_B}{S_A})^2 < 1$

$$V_B^2 = \frac{2(P_A - P_B)}{\rho\left(1 - (\frac{S_B}{S_A})^2\right)}$$

$$V_B = \sqrt{\frac{2(P_A - P_B)}{\rho\left(1 - (\frac{S_B}{S_A})^2\right)}}$$

Et $V_A = \frac{V_B S_B}{S_A}$

2- *Exemple de dimension et calcul de puissance :*
a- Puissance de piston :
- Le liquide utilisé est l'eau de masse volumique $\rho=1000 Kg/m^3$
- Le diamètre du piston $d = 0.2$ m
- $F_p = (P_{atm} - P_{int}) \times S_{piston}$
  $AN: F = (10^5 - 20 \times 10^3) \times 3.14 \, 10^{-2} = 2512 \, N$
- $V_A = 24.5$ m/s mais si nous prenons compte du frottement entre le piston et le cylindre (acier sur acier surface huileuse $\mu = 0.12$) et le frottement entre l'eau est l'acier $\mu=0.065$,
  On peut estimer $V_{Piston} = 20$m/s alors $P = F_P * V_P = 20 * 2512 = 50240$w $= 50.240$ Kw $= 68.26$ Cv

b- Puissance de la pompe hydraulique :
- La pompe hydraulique doit élever l'eau de masse volumique $\rho = 1000 Kg/m^3$
- Le débit de la pompe est $Q_v = n*V_{Chambre}/S$.
- La chambre intermédiaire est un parallélépipède rectangle de dimensions a=25cm ; b=25cm ; l=40cm ; lié à un cylindre de diamètre 20cm et contenant un piston de même diamètre et ayant une course de 20 cm.
  $V_{parallèlepipède} = l*a*h = 0.025 \, m^3 = 25L$

$V_{cylindre} = \pi * \dfrac{d^2}{4} * c = 0.0314 * 0.2 = 0.00628 \ m^3 = 6.28 L$

$V_{Chambre} = V_{parallèlepipède} + V_{cylindre} = 0.03128 \ m^3 = 31.28 \ L$

Soit $V_{Chambre} = 32 \ L = 0.032 \ m^3$

On a besoin d'une pompe de débit 32litres/s pour élever la quantité du liquide qui s'écoule dans le réservoir chaque seconde

   *calcul puissance de la pompe hydraulique

   La pompe hydraulique doit élever de l'eau du réservoir de $P_{interieur}=$ 20Kpa vers le réservoir de $P_{atmosphérique} = 10^5$ Pa dont le niveau est h=10m

On estime la perte de charge à 0,1 m

Le fluide utilisé est l'eau de masse volumique $\rho = 1000 \ Kg/m^3$

Appliquant L'équation du Bernoulli au système suivant :

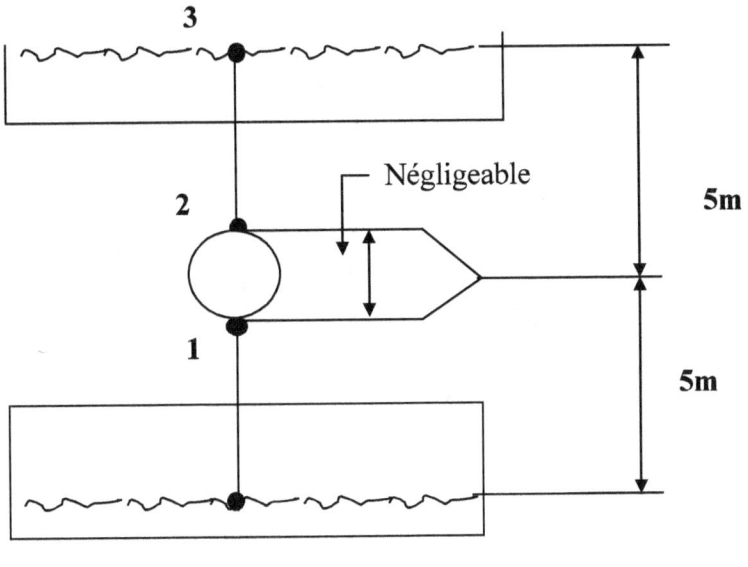

$$\frac{P}{Q_V} = P_3 - P_0 + \frac{1}{2}\rho(C_2^3 - C_0^2) + \rho g((Z_3 - Z_0) + J_{0-3})$$

$$P = Q_V[P_3 - P_0 + \frac{1}{2}\rho(C_2^3 - C_0^2) + \rho g((Z_3 - Z_0) + J_{0-3})]$$

$$P_3 = P_{atm} = 101{,}325 \text{KPa} = 10^5 \text{ Pa}$$

$$P_0 = 20 \text{KPa} = 20 \cdot 10^3 \text{ Pa}$$

$$C_3 = C_0 = 0 \text{ (fulide immobile hors du conduit)}$$

$C_2^3 = C_0^2$ (Diamètre de conduite de refoulement est égal à la diamètre de conduite d'aspiration et le débit reste constant)

$$J_{0-3} = 0{,}1 \times 10 = 1\text{m du fluide s'ajoutant à } Z_3 - Z_0$$

Il vient
$$P = Q_V\left[P_3 - P_0 + \frac{1}{2}\rho(C_2^3 - C_0^2) + \rho g((Z_3 - Z_0) + J_{0-3})\right]$$
$$= 32 \times 10^{-3} \times [80 \times 10^3 + 10^3 \times 9.8(10 + 1)]$$
$$= 32 \times (80 + 107.8) = 6009.6\text{W} = 6.009\text{Kw}$$

Cette pompe est actionnée par un moteur électrique de rendement global 80%. La puissance électrique consommé est $P_{\text{Consommé}} = \frac{6}{0.8} = 7.5\text{Kw}$

C- Puissance du système de pilotage

Pour une machine monocylindrique le système de pilotage est composé d'un compresseur et deux vérins pneumatiques
- On a besoin de calculer l'intensité de la force permettant de bouger la glissière pour calculer la puissance du système de pilotage
- Soit le système suivant

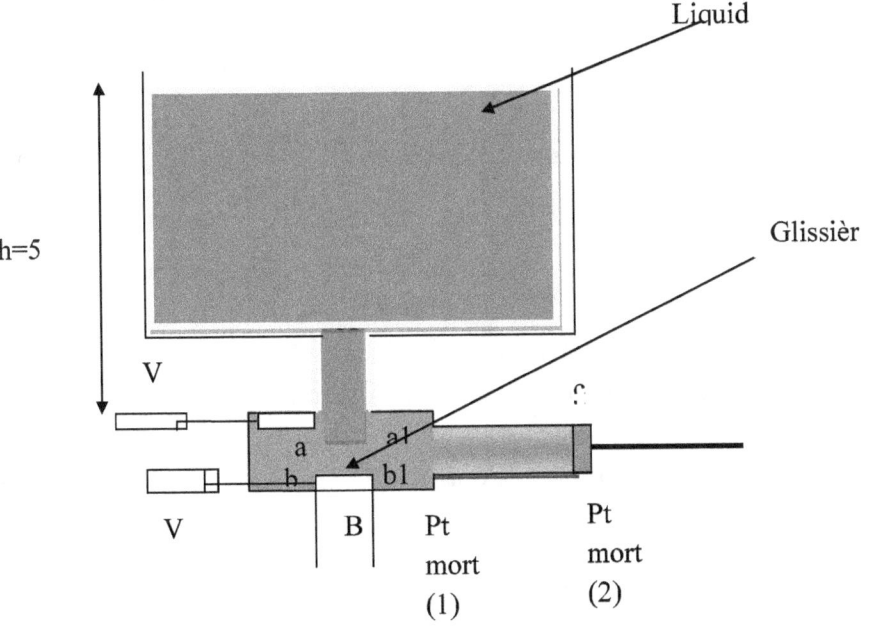

Le but et de calculer l'intensité de la force permettant de faire bouger la glissière

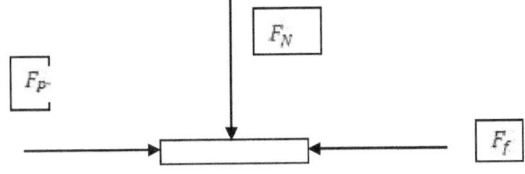

- La masse de la glissière m=1Kg

- Le diamètre de la glissière d=0.2
- $F_N = (P_{atm} + \rho gh) \times S + m \times g$
- Coefficient de frottement $\mu = 0.12$ (*acier acier surfaces huileuses*)

On a donc :

$$F_N = (P_{atm} + \rho gh) \times S + m \times g \quad \text{AVEC} \begin{cases} \rho = 1000 Kg/m^3 \\ h = 5m \ (eau) \\ P_{atm} = 10^5 Pa \end{cases}$$

$F_N = (10^5 + 10^3 \times 9.8 \times 5) \times 0.0314 + 1 \times 9.8 = 4688.4 N$

↳ $F_{Poussée} = F_f = \mu F_N = 0.12 F_N = 562.6$

- Pour bouger la glissière il faux que $F_{Poussée} \geq F_f$

On choisit la force de poussée du vérin $F_{poussée} = 1000$ N pour garantir un bon rendement du vérin et on calcule la pression nécessaire au vérin pour obtenir cette force de poussée.

- On choisit d'utiliser un vérin double effets avec D=25mm et c=200m

avec $\begin{cases} D: diametre\ de\ la\ section\ du\ verin \\ V_{vérin}: volume\ du\ vérin \\ C: course\ du\ piston\ du\ verin \end{cases}$

$S = \frac{0.025^2}{4} \times \pi = 4.9 \times 10^{-4} m^2$

$V_{vérin} = S \times C = 4.9 \times 10^{-4} \times 0.2$
$\quad\quad\quad = 9.8 \times 10^{-5} \ m^3 = 0.098 \times 10^{-3} m^3$
$\quad\quad\quad = 0.098 L$

Alors $F_P = P \times S \implies P = \frac{F_p}{S} = \frac{1000}{4.9 \times 10^{-4}} = 20.4$ bar

Remarque: le réglage d'un vérin pneumatique se fait en modifiant le débit d'air, cela s'effectue en modifiant le passage nominal dans le distributeur approprié.

Choix du compresseur

Pour choisir un compresseur il faux totaliser la consommation en air de tous les outils brancher en simultanés, le résultat obtenu doit être multiplié par 1.5.

Ce résultat est équivalant à la quantité de litres par munit nécessaire pour faire fonctionner ces outils pneumatiques.

Dans notre système, le vérin pneumatique double effets fait un cycle par seconde et consomme 0.196 L/s car $V_{vérin} \times 2 = 0.098 \times 2 = 0.196$ L/S

La consommation par minute du vérin est $0.196 \times 60 = 11.76$ L/mn.

Le moteur d'un compresseur disposant d'une puissance allant de 0.2Cv à 5.5Cv permet d'obtenir une pression allant de 1.5 bar à 500 bar offre un débit situé entre 10L/munit et 500 L/munit.

Pour notre vérin un compresseur de 500 L/mn et de 5.5Cv peut manipuler 28 vérins de même dimensions déjà choisit ce qui est équivalent à 14 pistons d'une machine à pression atmosphérique multi cylindrique

=>➔ 28×consommation du vérin/munit×1.5=28×11.76×1.5

$$=493.5 L/mn \leq 500 L/mn$$

2. Exemple d'une machine monocylindrique de puissance 1MW:

On choisi le diamètre de Piston D=1m alors F=P*S=62800N et on a V. piston =20m/s alors Puissance=1256KW.
On pose que le volume déversé chaque cycle est V=1m3 alors on a besoin d'un débit Qv=1m3/s pour écoulé ce volume vers le bassin. On choisi d'utiliser les pompes de type pompe-hélice portable de débit 180m3/h (50 l/s) alors on a besoin de 20 pompes hélices portable pour atteindre Qv=1m3/s. chaque pompe doit écouler l'eau vers le bassin dont le niveau h=4m et consomme une P-électrique P=3.5Kw, alors la puissance consommé est Pt=70Kw.

Pour faire bouger les deux glissières on a besoin d'un compresseur 5,5Kw.
On pose que 180,5Kw est aussi Perte malgré que j'ai retiré 4,5m/s de la vitesse théorique du piston à cause du frottement.
Il nous reste donc 1MW.

La machine à pression atmosphérique a un taux de conversion très élevé indépendamment du lieu et du climat et si on estime, dans les cas les plus défavorable, la duré de maintenance à deux mois par année on peut avoir 7200MWh/an comme potentiel de production de 1MW atmosphérique installé.

Machine à pression atmosphérique multi cylindrique

a-Fonctionnement

La machine à pression atmosphérique multi cylindrique contient plusieurs pistons reliés un vilebrequin ou à un vilebrequin avec volant d'inertie et elle a le même principe de fonctionnement de la machine monocylindrique.

On a deux méthodes pour convertir le mouvement de translation en un mouvement, de rotation

* Première méthode : Conversion par vilebrequin avec volant d'inertie.

Cette méthode consiste à adjoindre au vilebrequin un voulant d'inertie son rôle est de stocker l'énergie pendant la phase aspiration (temps moteur) pour le restituer pendant le temps d'admission et le temps de synchronisation.

* Deuxième méthode : conversion par vilebrequin seul.

Cette méthode consiste à multiplier les cylindres à condition que leurs temps moteur (temps aspiration) respectifs soient répartis sur le temps de synchronisation (t=1s) et le temps d'admission.

b- Exemple de dimension de la machine multi cylindrique

Machine à pression atmosphérique à 28 pistons
- Diamètre de piston d=20 cm
- Course de piston c=20 cm
- Parallélépipède de dimension a=25 cm, b=25 cm, l=40 cm
- Liquide utilisé : l'eau de masse volumique $\rho = 1000 \, Kg/m^3$
- 28 pompes hydrauliques (débit de chaque pompe est Q_v=32 L/s)
- Deux compresseurs (chaque compresseur est de puissance 5.5Cv, de débit 500L/munit et de pression maximal 500 bar)

On obtient donc :
* P_{piston}=50.240 KW
* $P_{total\ des\ pistons}$=28×50.240=1406.72 KW
* P_{pompe}=7.5 KW
* $P_{total\ des\ pompes}$=28×7.5=210 KW
* $P_{copresseur}$=4.048 KW
* $P_{total\ copresseurs}$=2×4.048=8.096 KW
* $P_{machine} = P_{total\ des\ pistons} - (P_{total\ des\ pompes} + P_{total\ copresseurs})$

   = 1406.72 − (210+8.096)

   =1188.624KW

   =1.188MW

Remarque : on peut avoir la même puissance de la machine en augmentant la section des pistons et diminuant le nombre de ceux-ci.

Microcentrale atmosphérique

-La microcentrale atmosphérique est une centrale atmosphérique à petite échelle produisant une quantité limitée d'énergie.

-La microcentrale atmosphérique comporte un nombre limitée de machine à pression atmosphérique ou un nombre bien déterminé de pistons reliés à un seul système atmosphérique pour générer du courant pour les ateliers, les foyers, les hôpitaux,…etc.

Centrale atmosphérique

On peut utiliser la machine à pression atmosphérique multi-cylindrique pour la mise en place d'une centrale de grande capacité de production électrique

EXEMPLE

900 Machines de puissance (1MW pour chaque machine) donnent 900MW qui est la puissance nominale d'un réacteur nucléaire.

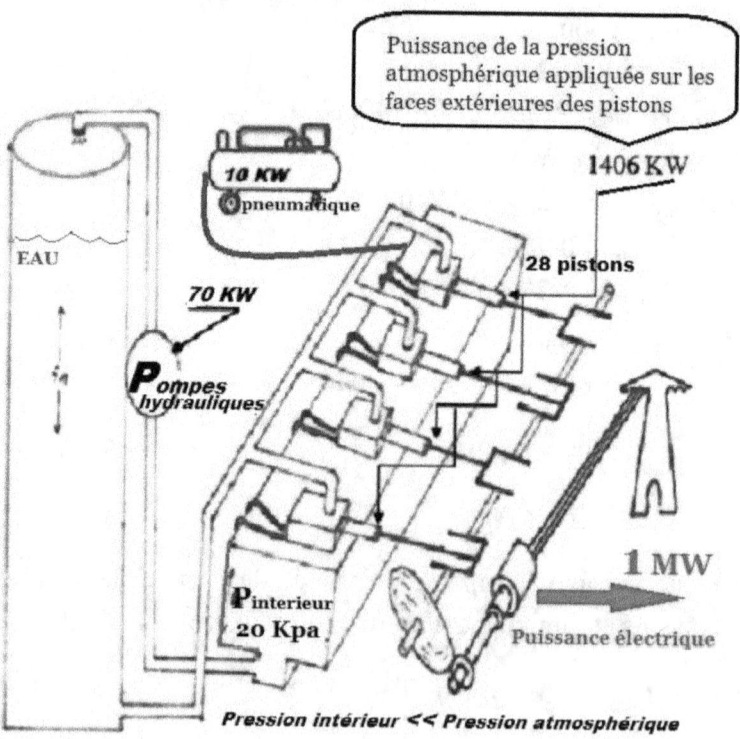

MACHINE HYDROSTATIQUE

Machine hydrostatique

Présentation

La présente invention concerne une machine hydrostatique émergée dans l'eau pour une profondeur bien déterminé (10m, 20m, ou plus) et destinée à produire de l'énergie électrique renouvelable à partir de l'énergie provoquée par la pression hydrostatique appliquée sur le piston.

Figure (1)

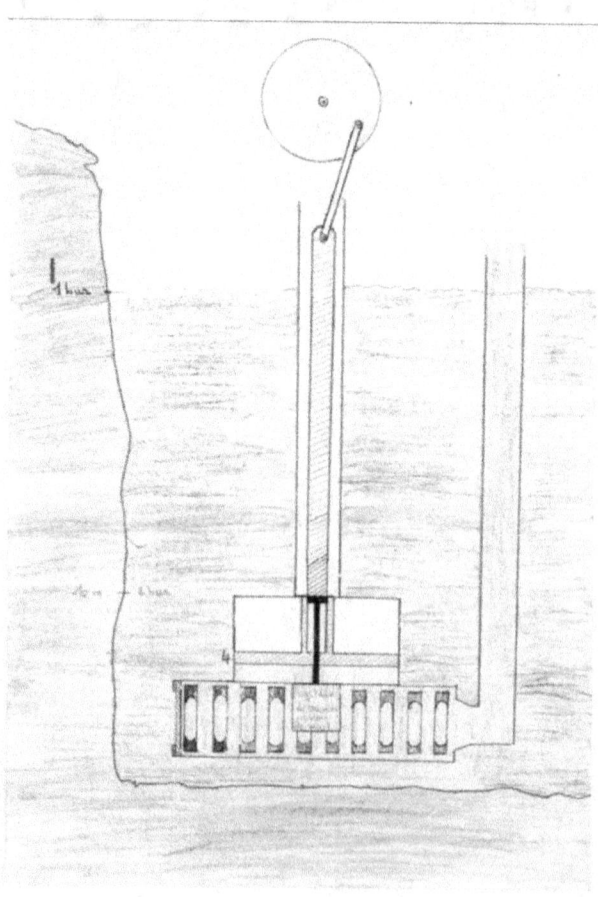

La machine hydrostatique est composée de :

- Une chemise mini d'un piston attaché à un système bielle –manivelle relié à un alternateur et construite de sorte que la face supérieure du piston est toujours soumise à la pression atmosphérique et la face inférieure (surface de contact) communique avec l'eau de pression hydrostatique une seule fois par cycle.
- Un cylindre situé sous la chemise et comporte des ouvertures intitulées « ouvertures hydrostatique » et des tubes de refoulements liés au milieu extérieur de pression atmosphérique.
- Les ouvertures hydrostatiques ayant une superficie totale égale à la moitié de la surface de piston et permettent l'écoulement de l'eau de pression hydrostatique $P = P_{atmosphérique} + \rho g h$ à l'intérieur du cylindre
- Les tubes de refoulement sont installé à coté des ouvertures hydrostatique dans le même plan, de sorte qu'à coté de chaque ouverture existe un tube de refoulement lié au milieu extérieure de pression $P = P_{atmosphérique}$
- Les ouvertures des tubes de refoulement ayant une superficie égale la surface des ouvertures hydrostatiques.
- Une glissière cylindrique commandée par un système de pilotage est destiné à fermer et ouvrir les tubes de refoulement et les ouvertures hydrostatiques pour mettre le piston sous l'effet de la différance entre la pression hydrostatique et la pression atmosphérique $\Delta P = P_{hydrostatique} - P_{atmosphérique}$ et le libérer chaque cycle.
- La commande de la glissière cylindrique se fait à l'aide d'un système de pilotage qui permet la rotation de la glissière dans les deux sens pour changer les conditions (ouvert, fermé) des tubes de refoulement et des ouvertures hydrostatique chaque cycle.
- Le système de pilotage se compose d'un vérin, des capteurs de présence installés aux niveaux de (piston + chemise) et d'un compresseur.
- Les tubes de refoulement et les ouvertures hydrostatiques installées au niveau du cylindre sont séparé par des espaces, chaque espace a la même dimension que l'ouverture installé au niveau de la glissière cylindrique ce

qui permet de garantir l'accomplissement de chaque condition (ouvert ou fermé) avant le début de l'autre

Figure (2)

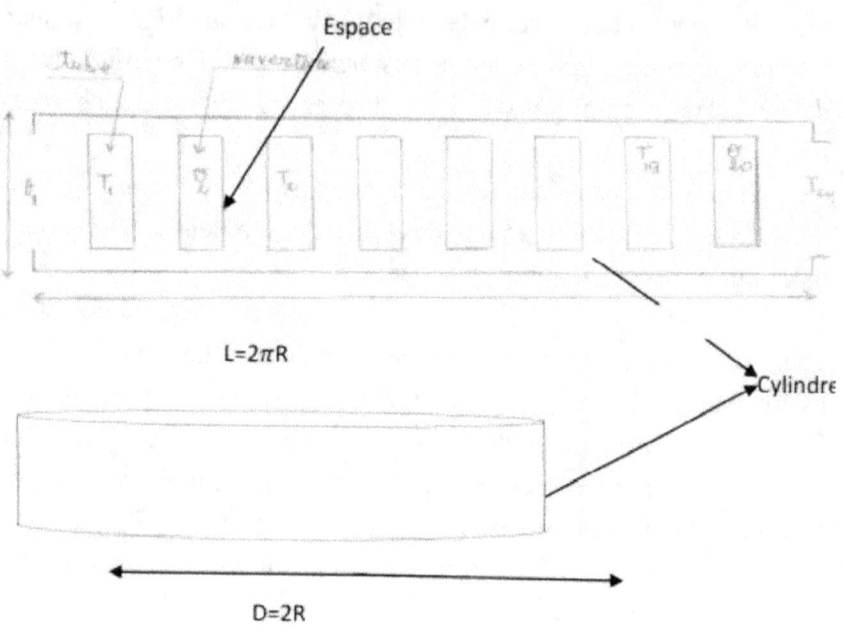

Les conditions sont les suivantes :

1- $\begin{cases} ouvertures\ hydrostatiques: fermées \\ tubes\ de\ refoulement: fermées \end{cases}$

2- $\begin{cases} ouvertures\ hydrostatiques: ouverts \\ tubes\ de\ refoulement: fermées \end{cases}$

3- $\begin{cases} ouvertures\ hydrostatiques: fermées \\ tubes\ de\ refoulement: fermées \end{cases}$

4- $\begin{cases} ouvertures\ hydrostatiques: fermées \\ tubes\ de\ refoulement: ouverts \end{cases}$

- Les conditions de fonctionnement ci-dessus sont les 4 temps de fonctionnement de la machine pour chaque cycle.

PRINCIPE DE FONCTIONNEMENT DE LA MACHINE HYDROSTATIQUE

Etape1

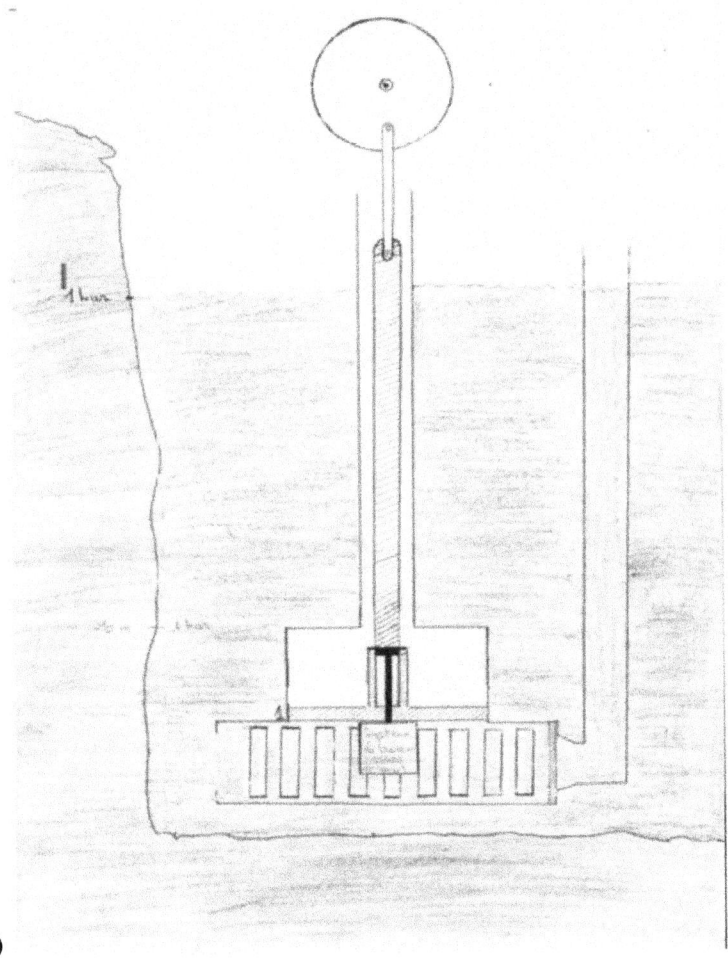

Figure (2)

- Le piston est au point (1)
- Les ouvertures hydrostatiques sont ouvertes et les tubes de refoulement sont fermés

- L'eau de pression $P = P_{\text{atmosphérique}} + \rho g h$ s'écoule à l'intérieure du cylindre.
- Le piston se déplace vers le haut en raison de la différance de pression $\Delta P = P_{\text{hydrostatique}} - P_{\text{atmosphérique}}$ ce qui provoque une force de poussé naturelle $F = \Delta P \times S$

  Avec $\begin{cases} S: \text{section du piston} \\ \Delta P = Pression \text{ hydrostatique} - \text{Pression atmosphérique} \end{cases}$

ETAPE 2

Figure (3)

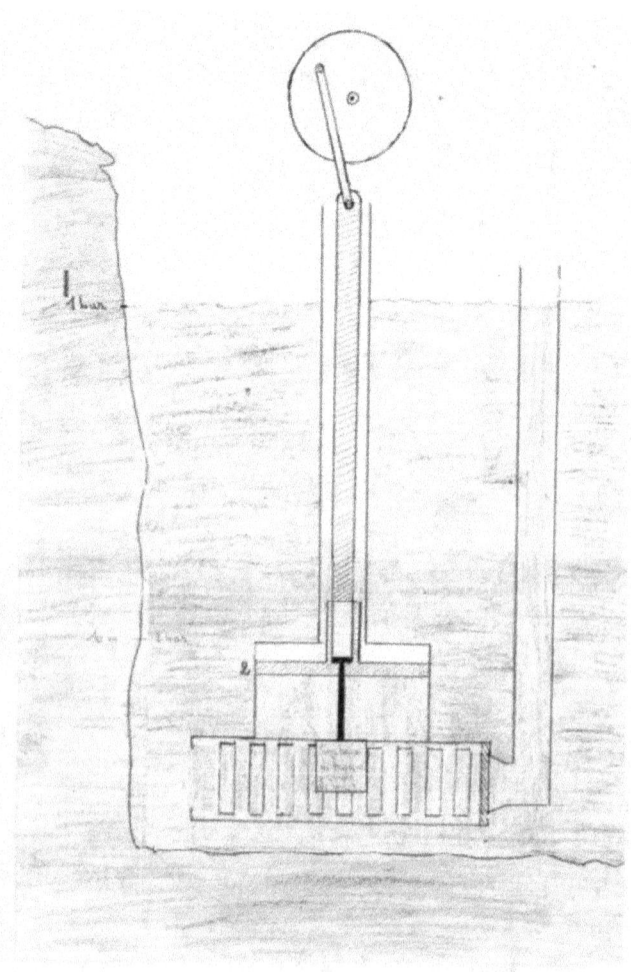

- Le piston arrive au point (2) et un capteur « C » déclenche la rotation de la glissière
- à la fin du course du piston au point (3) la glissière ferme les ouvertures hydrostatiques et ouvre les tubes de refoulement liés au milieu extérieur de pression P= P$_{atmosphérique}$.

ETAPE 3

Figure (4)

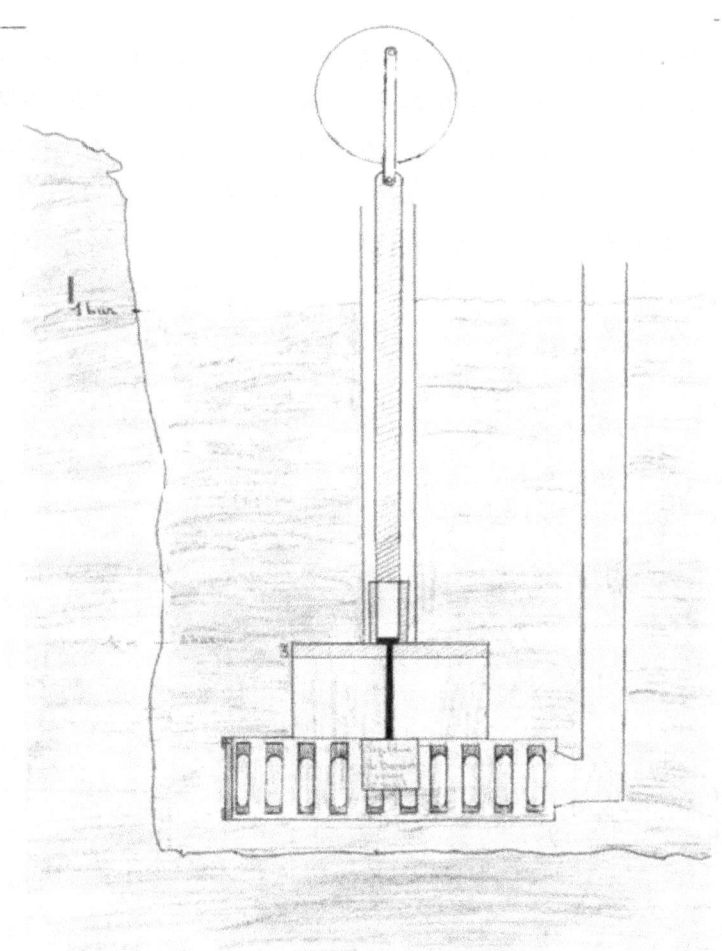

- Le piston se déplace vers le bat grâce à son poids P$_{piston}$ = m$_{piston}$ × g à condition que la force de poids du piston doit être légèrement supérieur à la force nécessaire pour pousser la quantité de l'eau emprisonnée dans le système lorsque les ouvertures hydrostatiques sont fermées.

Poids du piston $\geq$ $F_{\text{poussée Volume d'eau}}$

ETAPE 4

Figure (5)

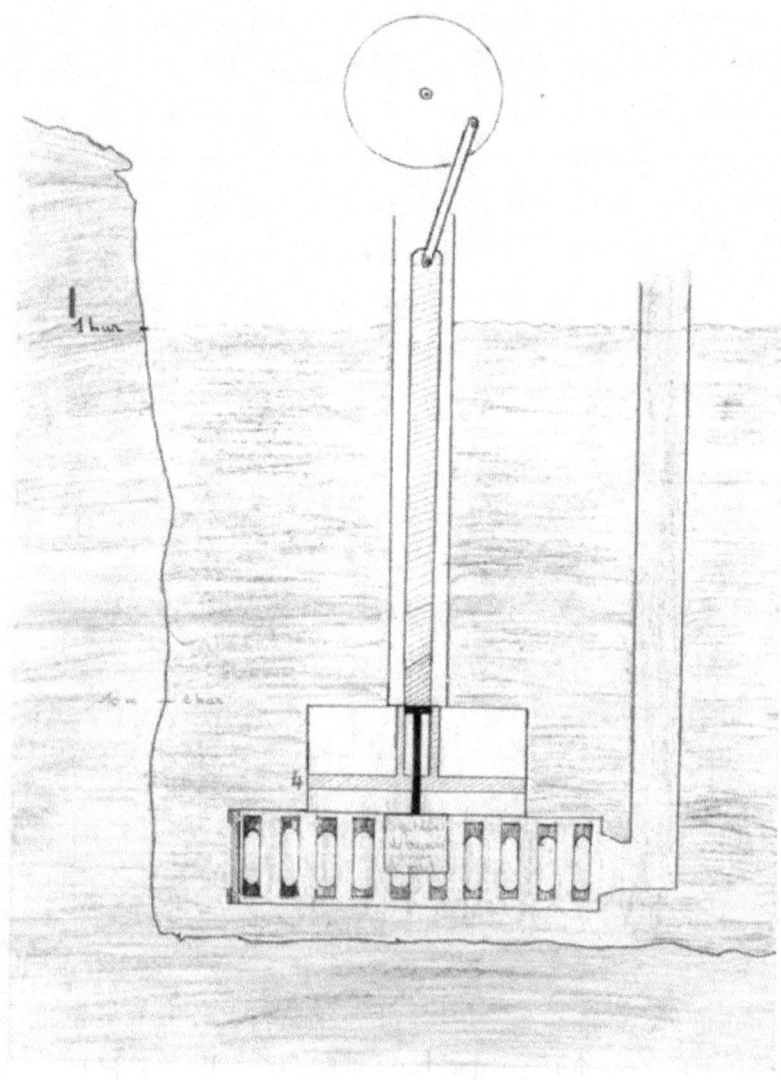

- Au cour de son déplacement vers le bat le piston arrive à la point (4) et un capteur « C1» déclenche la rotation de la glissière dans le sens contraire.
- Au point (1) la glissière ferme les tubes de refoulement et ouvre les ouvertures hydrostatique et le cycle recommence.

Choix de dimension et calcul de puissance de la machine.

Figure (6)

9cm / r=4.5cm

10m

e=4cm

1m

Épaisseur e = 4cm = 0.04m

Le matériau utilisé est l'acier duplex de masse volumique $\rho = 7850 \ kg/m^3$

Diamètre du piston d=1m

Section de piston S=0.785 m²

r =4.5cm=0.045m

Épaisseur e= 4cm =0.04m

Profondeur H=10m

Masse de piston :

$m_{piston} = \pi R^2 h \rho + \pi r^2 e \rho$

$= 246.49 + 499.1$

$= 745.5$ kg

Poids du piston :

$P_{piston} = m_{piston} \times g = 7306.3$ N.

Calcul de la vitesse de piston

Soit le système suivant :

Figure (7)

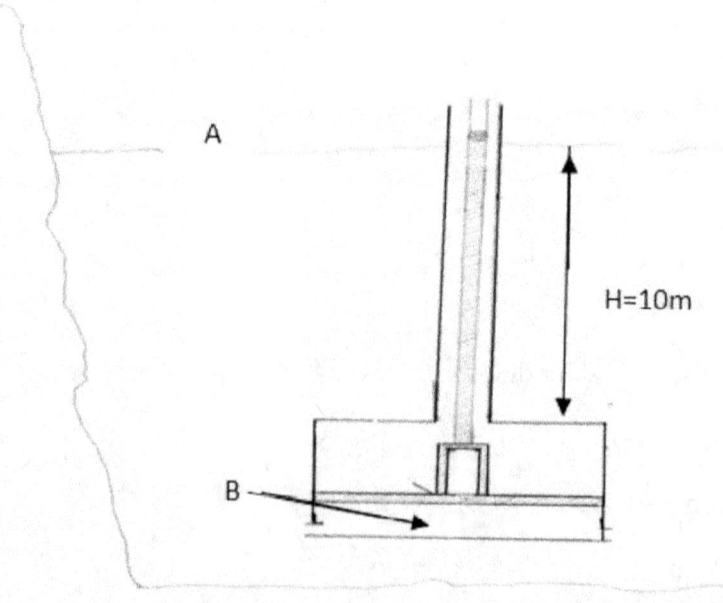

On pose que :

Le piston se déplace sans frottement

La somme des sections des ouvertures hydrostatiques égale à la moitié de la section de piston

$S_{Total\ ouvertures} = \frac{1}{2} S_{piston} = 0.392\ m^2$

Appliquant le théorème de Bernoulli entre le point A et le point B

$$\frac{\rho V_A^2}{2} + \rho g Z_A + P_A = \frac{\rho V_B^2}{2} + \rho g Z_B + P_B$$

Avec $P_A = P_B = P_{atmosphérique} = 1\ bar$

La vitesse d'écoulement de l'eau dans le cylindre est $V_1 = \sqrt{2gh} = 14\ m/s$

La relation entre la vitesse d'écoulement de l'eau V_1 dans le cylindre et la vitesse de déplacement du piston V_2 (déplacement sans frottement) est la suivante :

$V_1 S_1 = V_2 S_2 \Rightarrow V_2 = V_1 \frac{S1}{S2} = \frac{1}{2} V_1 = 7\ m/s$

Mais si nous prenons compte du frottement entre le piston et la chemise (acier sur acier surface huileuse) $\mu = 0.12$ et le frottement entre l'eau et l'acier $\mu = 0.065$ on peut estimer la vitesse du piston à $V_{piston} = 4.5\ m/s$.

Calcul de la force motrice du piston au cours de son déplacement vers le haut (phase moteur) pour une profondeur H=10m

- La force appliquée au piston grâce à la pression hydrostatique pour une profondeur H=10m est $F_{hydrostatique} = P_{hydro} - P_{atm} = \Delta P \times S_{piston} = 78500\ N$
  Avec $\begin{cases} Pression\ \text{hydrostatique} = 2\ bar \\ Pression\ \text{atmosphérique} = 1\ bar \end{cases}$
- La force résistante est la somme de la force du poids du piston et la force nécessaire pour faire tourner la glissière.
- Le poids du piston est $P_{piston} = m_{piston} \times g = 7306.3\ N$

- La force de poussée nécessaire pour faire bouger la glissière $F_{p.glissière}$ se calcul de la façon suivant :

La glissière comporte 40 ouvertures de forme rectangulaire de largeur l=10cm et de longueur L=20cm pour chaque ouverture.

Entre chaque deux ouverture il y a un espace de 10cm de largeur et de 20cm de longueur.

Pour avoir ces 40 ouvertures séparées par 40 espaces de même dimension on a besoin d'une glissière cylindrique de rayon R=1.27m, de hauteur h=25cm et d'épaisseur e=3cm.

<u>Masse de la glissière</u>

$m = \pi(R^2-r^2)h\rho = \pi((1.27)^2 - (1.24)^2) \times 0.25 \times 7850$

$m_{glissière} = 464 kg$

Le poids de la glissière est $P_{glissière} = m_{glissière} \times g = 7306.3\ N$

Or on a $F_{p.glissière} = F_{frottement} = \mu\ F_N = \mu\ P_{glissière} = 0.12 \times 4547.3 = 545.6\ N$

Pour faire bouger la glissière il faut que $F_{p.glissière} \geq F_{frottement}$

On va choisir $F_{p.glissière} = 1000N$ dans le reste du calcul.

(Le moteur d'un compresseur disposant d'une puissance de 1.5 KW permet d'obtenir cette force.)

Alors $F_{motrice} = F_{hydrostatique} - F_{resistant}$

$= F_{hydrostatique} - (P_{piston} + F_{p.glissière})$

$= 78500 - (7306.3 + 1000) \cong 70000N$

$F_{motrice} = 70000N$ est la force naturelle brute récupérée par la machine hydrostatique pour les dimensions déjà choisi.

Mais pour que le cycle recommence et la machine fonctionne correctement il faut que le piston aura le pouvoir de se déplacer vers le bat de nouveau.

Il faut donc que le poids de piston sera légèrement supérieur à la force nécessaire pour pousser le volume d'eau emprisonné dans le système lorsque les ouvertures hydrostatiques sont fermées et les tubes de refoulement sont ouverts.

Calcul de la force de poussé nécessaire pour faire bouger le volume d'eau emprisonné dans le système.

Figure (8)

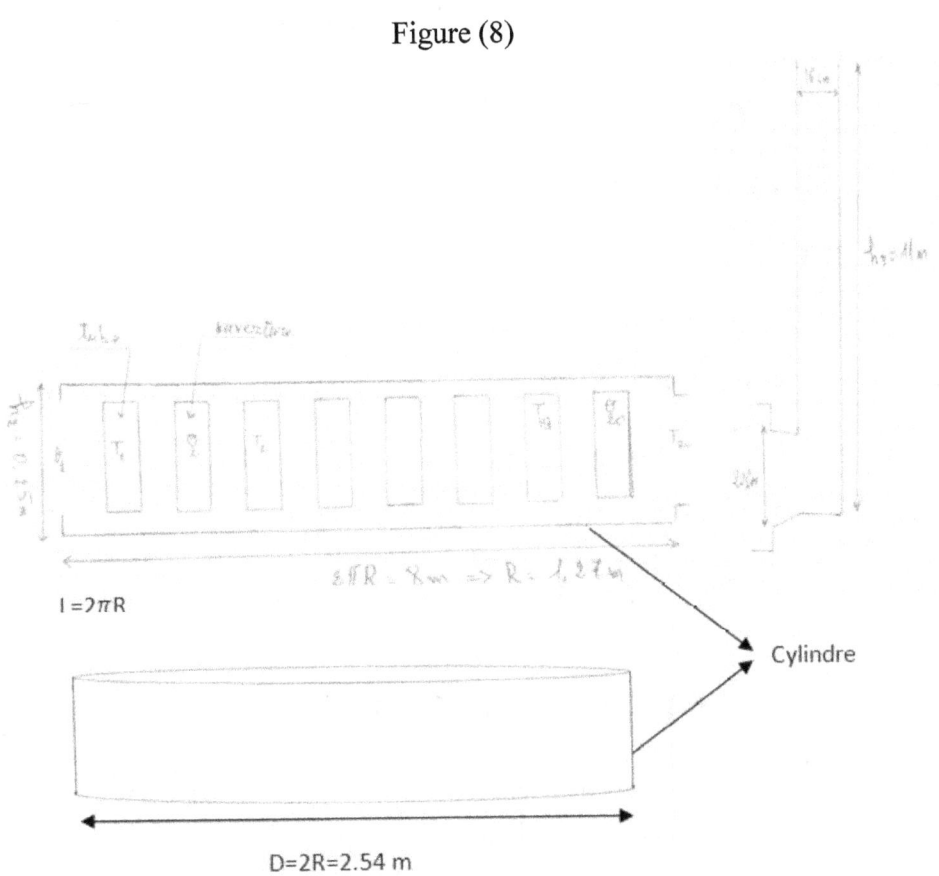

$V_{d'eau} = V_{cylindre} + V_{chemise} + V_{des\ tubes}$

- $V_{chemise} = \pi R^2 h_1$ avec $\begin{cases} h_1 = 0.5 \\ R = 0.5 \end{cases}$

    $= 3.14 \times (0.5)^2 \times 0.5 = 0.392\ m^3$

- $V_{cylindre} = \pi (R_1)^2 \times h_2 = 3.14\ (1.27)^2\ 0.25 = 1.266\ m^3$
- $V_{tube} = \pi (R_2)^2 h_3 = (3.14)\ (0.08)^2 \times 11 = 0.221\ m^3$

- $V_{\text{des tubes de refolement}} = 20 \times V_{\text{tube}} = 20 \times 0.221 = 4.421 \text{m}^3$

Alors le volume d'eau emprisonné dans le système lorsque les ouvertures hydrostatique sont fermées et les tubes de refoulement sont ouverts est :

$V_{\text{d'eau}} = V_{\text{cylindre}} + V_{\text{chemise}} + V_{\text{des tubes}}$

$= 1.266 + 0.392 + 4.421$

$= 6.079 \text{ m}^3$

La masse d'eau emprisonnée dans le système est :

$m_{\text{d'eau}} = V_{\text{d'eau}} \times \rho = 6291.7 \text{ kg}$ avec $\rho = 1035 \text{kg/m}^3$ est la masse volumique de l'eau de mer.

Le poids de l'eau emprisonné dans le système est

$P_{\text{eau}} = m_{\text{d'eau}} \times g = 61659.2 \text{N}$

La force de poussé nécessaire pour faire bouger le volume d'eau

$F_{\text{poussée eau}} = F_{\text{frottement}} = \mu \times F_N = \mu \times P_{\text{eau}} = 0.065 \times 61659.2 = 4007.8 \text{ N}$

Avec $\mu = 0.065$ est le coefficient de frottement entre l'eau et l'acier duplex.

On choisi $F_{\text{poussée eau}} = 5000 \text{N}$

Alors

$P_{\text{piston}} = 7306.3 \text{ N}$; $F_{\text{p.glissière}} = 1000 \text{N}$; $F_{\text{poussée eau}} = 5000 \text{N}$

$\Rightarrow P_{\text{piston}} > F_{\text{p.glissière}} + F_{\text{poussée eau}}$

CALCUL PUISSANCE DE LA MACHINE

On à $F_{motrice} = 70000N$

Alors la puissance mécanique du piston est

$P_{mec\text{-}Piston} = F_{motrice} \times V_{piston} = 315 \text{ KW}$

La puissance électrique de la machine est donc

$P_{électrique\ machine} = P_{mec\text{-}Piston} \times 0.8$

$\qquad\qquad = 252 \text{ KW}$

MACHINE ATMOSPHÉRIQUE À CYCLE FRIGORIFIQUE

INVENTION

Machine atmosphérique à cycle frigorifique

MISE EN SITUATION

La présente invention concerne une machine atmosphérique à cycle frigorifique destinée à produire de l'énergie électrique renouvelable à partir de l'énergie de la pression atmosphérique fournit par la nature et appliqué sur la face extérieure de(s) piston(s).

Pour cette machine la pression de l'air extérieure est l'origine de la force motrice du système.

Le procédé consiste à installé un cylindre vide (sous pression) dans un cycle frigorifique sans perturber son fonctionnement et de sorte que le fluide frigorigène s'évapore à l'intérieur du cylindre pour libérer le piston et se condense pour créer le vide de nouveau ce qui provoque le déplacement du piston en raison de la pression atmosphérique appliquée sur son face extérieure et le cycle recommence.

Le piston est lié à un volant d'inertie qui stocke l'énergie de la pression atmosphérique sous forme d'énergie cinétique pendant le temps moteur du piston et le restitue pendant la duré du temps « t » nécessaire pour le remplissage du cylindre par le liquide frigorigène et la condensation, sans modification appréciable de la vitesse de rotation.

PRINCIPE DE FONCTIONNEMENT

Image 1

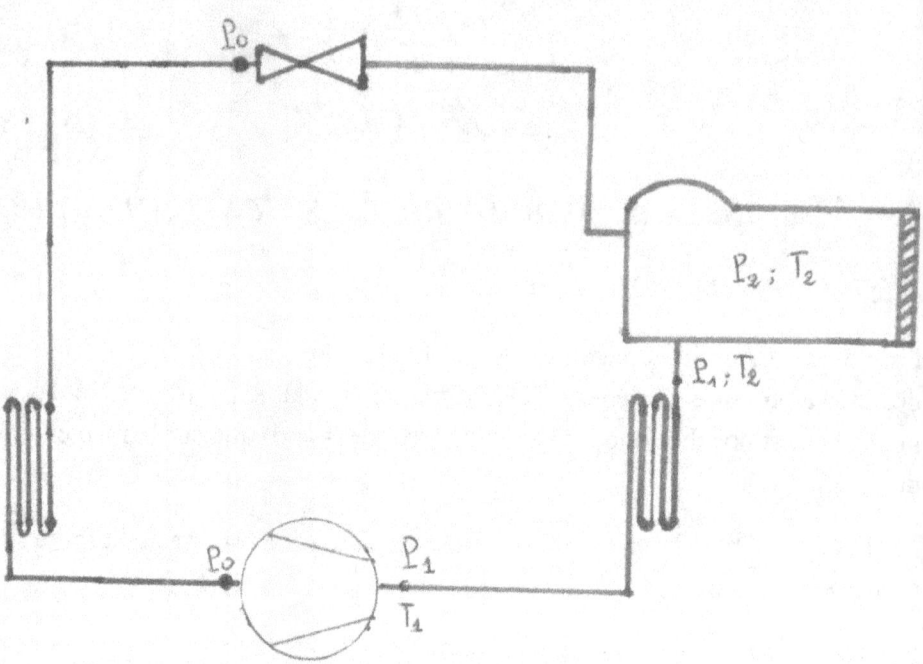

Le fluide frigorigène circulant dans le circuit fermé parcourant un cycle composé de 5 étapes :

1-Compression :

A l'entré du compresseur le fluide frigorigène est à l'état vapeur et basse pression P_0.

A la sortie du compresseur le fluide frigorigène est à l'état vapeur, à haute pression P_1 et à haute température T_1.

2-Condensation :

A l'entré du condenseur le fluide frigorigène est à l'état vapeur.

En passant dans le condenseur le fluide (à haute température cède son énergie thermique et passe à l'état liquide pour la même pression d'entré P_1 et une température $T_2 < T_1$

3- Détente primaire :

Image 2

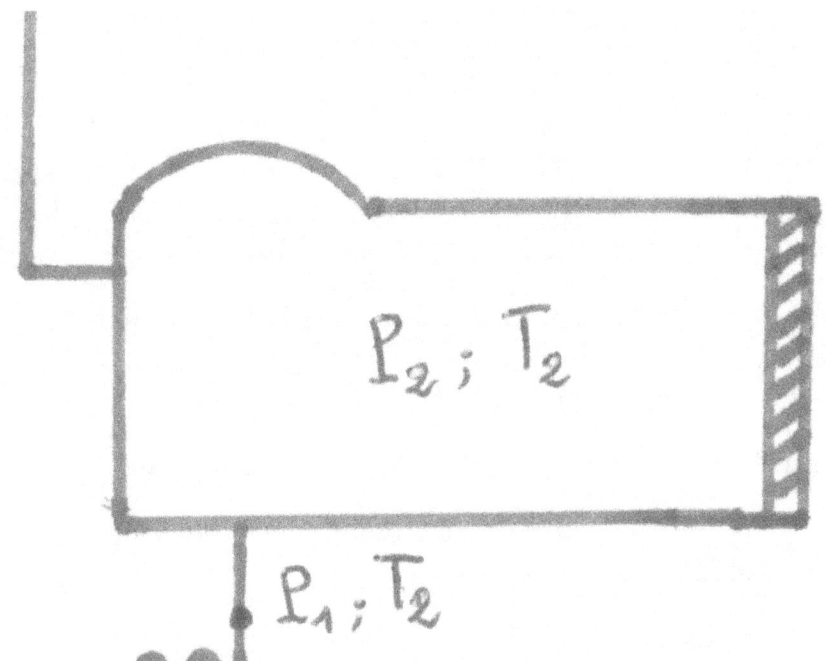

La détente primaire se fait à l'aide d'une chambre de régulation lié à un cylindre mini d'un piston.

La chambre de régulation comporte un ressort de détente, une membrane reliée à un clapet et une tige de freinage commandé par une tige de poussé.

Ce mécanisme permet de fermer l'orifice d'entré du fluide frigorigène (à l'état liquide), dés que la pression intérieure du cylindre atteint la valeur de pression P_2 désiré et l'ouvrirai après la condensation du vapeur.

La pression P_2 correspond à la pression d'évaporation du liquide frigorigène pour la température T_2 du fluide à la sortie du condenseur.

Alors à l'intérieure du cylindre le liquide s'évapore à la point (T_2, P_2), à ce stade la température extérieure du cylindre est très faible par rapport à T_2 sous l'effet d'un ventilateur installé au niveau de l'évaporateur, qui souffle l'air froid vers le milieu extérieure du cylindre ; de ce fait le fluide frigorigène (à l'état vapeur) cède son énergie thermique et passe à l'état liquide.

Cette condensation immédiate crée le vide de nouveau dans le cylindre et le piston se déplace sous l'effet de la pression atmosphérique jusqu'à la fin du course ce qui provoque l'ouverture de l'orifice d'entré du liquide frigorigène.

Pendant la duré du temps nécessaire pour atteindre P_2 le piston effectue un mouvement libre de va et vient grâce un volant d'inertie qui stocke de l'énergie pendant la phase moteur et la restituer pendant la duré du temps « t »

L'orifice de sortie du réfrigérant de la cylindre est toujours ouvert.

A la sortie du bloc «Chambre de régulation-Cylindre» le fluide frigorigène est à l'état liquide et à la pression P_2.

4-Détente secondaire :

Le fluide traverse le détendeur, sa pression ainsi que sa température diminuent.

Le détendeur permet également de régler le débit de fluide parcourant le circuit fermé.

A la sortie de détendeur le fluide est à la pression P_0.

5-EVAPORATION :

En passant dans l'évaporateur le fluide frigorigène (à basse température) capte l'énergie thermique, de ce fait le fluide frigorigène passe à l'état vapeur.

Schéma générale de la Machine atmosphérique à cycle frigorifique

Image 2

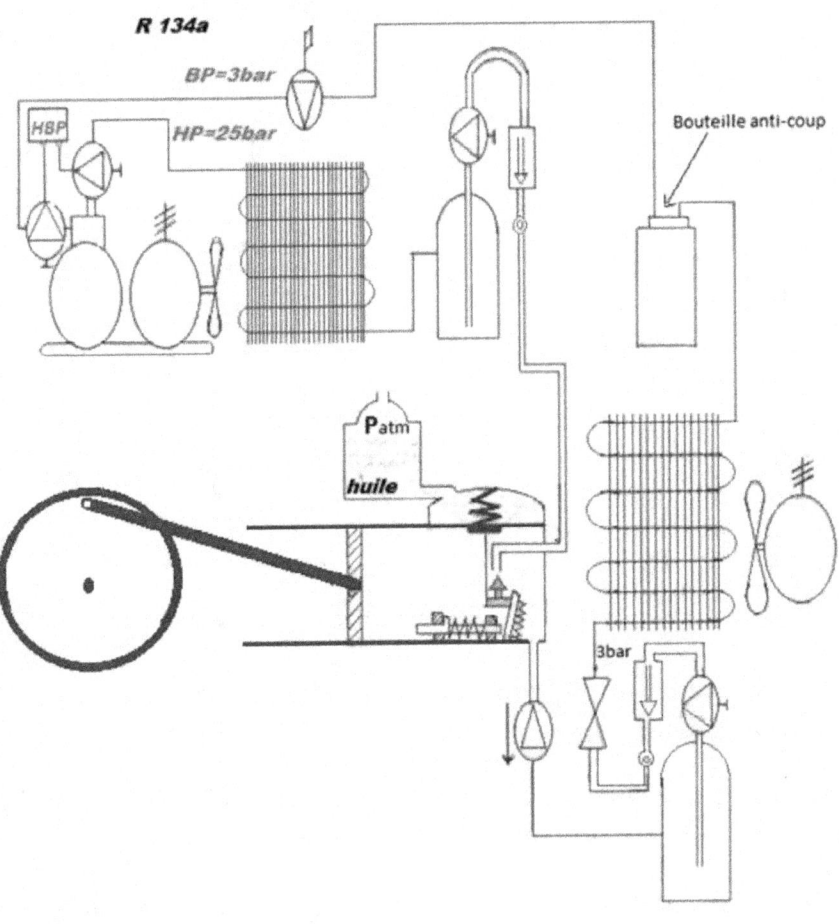

Principe de fonctionnement du Bloc « Chambre de régulation-Cylindre »

Image 3

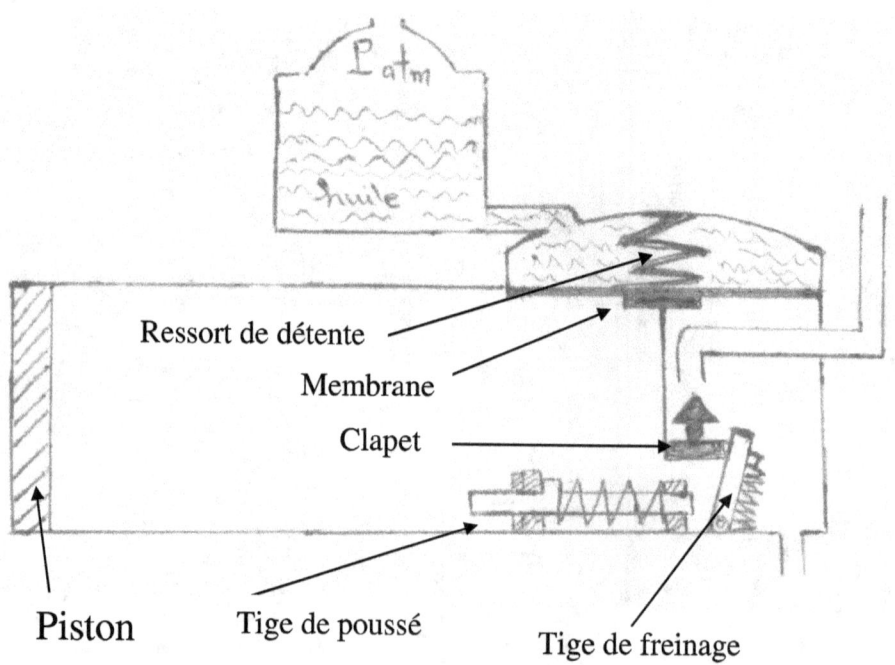

Le bloc « chambre de régulation-cylindre » est constitué d'une chambre de régulation reliée à un cylindre mini d'un piston.

La chambre de régulation comporte un ressort de détente, une membrane reliée à un clapet et une tige de freinage manipulée par une tige de poussée.

A la sortie du condenseur, le fluide frigorigène est à l'état liquide, à haute pression et à la température T_2.

A l'intérieure du cylindre le clapet ferme l'orifice dés que la pression atteint la valeur de pression P_2 qui correspond à la pression d'évaporation du liquide à la température T_2.

Le liquide s'évapore à l'intérieur du cylindre à la point (P_2, T_2).

La température extérieure du cylindre est très faible par rapport à la température T_2 grâce au ventilateur installé au niveau de l'évaporateur et qui souffle de l'air froid vers le milieu extérieur du cylindre ; de ce fait, le fluide frigorigène (vapeur) cède son énergie thermique et passe de nouveau à l'état liquide.

La condensation immédiate du vapeur crée le vide dans le cylindre

-La force F de valeur F=P.S pousse le piston jusqu'à la fin du course,

-Le piston pousse la tige de poussé,

-La tige de poussé pousse la tige de freinage,

-L'orifice d'entré de liquide s'ouvre et le cycle recommence,

L'orifice de sortie de fluide est toujours ouvert.

La démontions du bloc « chambre de régulation-cylindre » dépond de débit volumique d'écoulement du réfrigérant à la sortie du condenseur.

On choisi la dimension de la façon suivante :

A l'intérieure du cylindre le fluide subit une transformation supposée isotherme,

Alors $P_1 \times V_1 = P_2 \times V_2$

Avec P_1 : pression du fluide à la sortie du condenseur.

P_2 : Pression du fluide à l'intérieur du cylindre

V_1 : Le volume écoulé durant le temps « t » nécessaire pour atteindre la pression P_2 à l'intérieur du bloc « chambre de régulation-cylindre »

V_2 : Le volume du bloc « chambre de régulation-cylindre »

Le volume du réfrigérant écoulé pendant le temps « t » correspond à « N » fois le débit volumique d'écoulement de réfrigérant à la sortie du condenseur,

N= t/s avec $\begin{cases} t = \text{temps d'écoullement nécessaire pour atteindre } P_2 \\ s = \text{ une seconde} \end{cases}$

Ceci est choisit à partir du volume du bloc « chambre de régulation-cylindre » et à partir de la surface du piston qu'on veut l'exploiter pour produire de l'énergie.

On utilise le débit volumique balayé par le compresseur comme un point de départ pour dimensionner le système.

La méthode est la suivante :

1-Calcul du volume horaire à l'aspiration

$$Q_{Va} = \frac{Q_{Vb}}{\eta V_0}$$

Avec $\eta V_0 = 1 - 0.05 \times P_1/P_0$

ET $\begin{cases} P_1 = \text{Pression à la sortie du compresseur} \\ P_0 = \text{Pression à l'entré du compresseur} \end{cases}$

Q_{Va} : Volume horaire à l'aspiration du compresseur

2-Calcul du débit massique du fluide

$$Q_m = \frac{Q_{Va}}{V'_1}$$

Q_m : Débit massique du fluide dans le circuit

V'_1 : Volume massique du compresseur à la phase vapeur dans l'évaporateur (au point 1)

3- Débit volumique du fluide à la sortie du condenseur

$$Q_V = \frac{Q_m}{\rho}$$

ρ : Masse volumique du liquide frigorigène à la sortie du condenseur (phase liquide, 45°C)

Recherche de la duré du temps « t » nécessaire pour atteindre P_2

$V_1 / V = N$ Alors $t = N \times s$

avec $\begin{cases} V = \text{volume écoulé durant une seconde à la sortie du condenseur} \\ V_1 = \text{volume éccoulé durant t} \\ s = \text{seconde} \end{cases}$

Le piston effectue un seul temps moteur pendant la duré du temps « t »

A partir de ce résultat on choisi le voulant d'inertie convenable

Exemple de dimension et calcul de puissance

a)-Calcul de la vitesse de piston

On pose que le piston se déplace sans frottement et que son vitesse est similaire à la vitesse d'écoulement de l'eau dans un volume vide de pression intérieur $P_{inte\,érieure} = 20$ KPa.

Soit le système suivant :

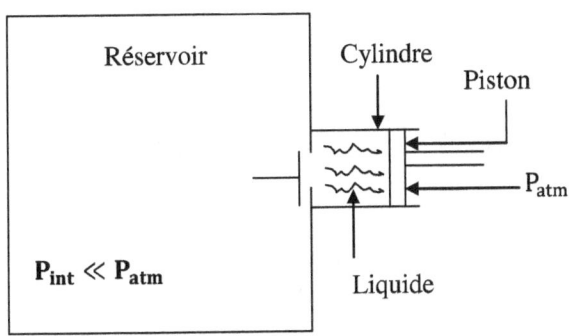

Ce système est soumis aux conditions suivantes :

- P_{int} du réservoir est très faible par rapport à la pression atmosphérique.
- Pression de saturation du fluide en fonction de température est inferieur à la pression intérieur du réservoir pour que le fluide reste en cas liquide.

$S_A > S_B$ et $f = 0$

S_A : Section du piston

f : Coefficient de frottement

S_B : Section de l'ouverture

Appliquant le théorème de Bernoulli :

$$\frac{\rho V_A^2}{2} + \rho g Z_1 + P_A = \frac{\rho V_B^2}{2} + \rho g Z_B + P_B$$

$$\Leftrightarrow \frac{1}{2g}(V_B^2 - V_A^2) = \frac{(P_A - P_B)}{\rho g}$$

$$\Leftrightarrow V_B^2 - V_A^2 = \frac{2(P_A - P_B)}{\rho}$$

Or on a $V_B S_B = V_A S_A \Rightarrow V_A = V_B \frac{S_B}{S_A}$

$$V_B^2 - (V_B \frac{S_B}{S_A})^2 = \frac{2(P_A - P_B)}{\rho}$$

$$V_B^2 \left(1 - (\frac{S_B}{S_A})^2\right) = \frac{2(P_A - P_B)}{\rho}$$

Avec $S_A > S_B \Rightarrow (\frac{S_B}{S_A})^2 < 1$

$$V_B^2 = \frac{2(P_A - P_B)}{\rho \left(1 - (\frac{S_B}{S_A})^2\right)}$$

$$V_B = \sqrt{\frac{2(P_A - P_B)}{\rho \left(1 - (\frac{S_B}{S_A})^2\right)}}$$

Alors $V_{piston} = V_A = V_B \times \frac{S_B}{S_A}$

Donc pour un piston de diamètre d=1m et une ouverture de diamètre d'=0.98m
On a $S_A = 0.785 m^2$ et $S_B = 0.753 m^2$

$$V_B = \sqrt{\frac{2(P_A - P_B)}{\rho\left(1-(\frac{S_B}{S_A})^2\right)}} = 40 \text{ m/s}$$

$$\Rightarrow V_A = V_B \times \frac{S_B}{S_A} = 36 \text{ m/s}$$

Si nous pennons compte du frottement entre le piston et le cylindre (acier sur acier surface huileuse $\mu=0.12$m/s et la vitesse de condensation du vapeur on estime la vitesse réelle maximale du piston pendant la phase moteur à $V_{piston} =20$m/s pour un piston de diamètre d=1m et de section S=$0.785m^2$

Calcul de la puissance électrique de la machine

Le fluide frigorigène utilisé est R134a (n'a aucun effet de serre sur la couche d'ozone)

On choisi d'utiliser:

- un compresseur frigorifique à piston optimisé à R134a de volume balayé $V_b=535 m^3$/h et consomme une puissance électrique de 170 KW

- un ventilateur qui absorbe 8 KW

- un piston de diamètre d= 1m on a S=0.785 m^2

- La hauteur du cylindre et de la chambre de régulation est h= 0.25m

Alor $V_2 = 0.25 \times 0.785$

$= 0.196\ m^3$

Pour un cycle de R134a entre 3bar et 25bar le fluide se liquéfie dans le condenseur entre 30 °C et 50°C.

On choisi $P_2 = 9$ bar ; Cette pression correspond à la pression d'évaporation de R134a pour $T_2=40$°C.

Alors on a $P_1 \times V_1 = P_2 \times V_2 \Rightarrow V_1 = \frac{P_2 \times V_2}{P_1}$

A.N: $V_1 = \frac{9 \times 0.196}{25} = 0.070\ m^3$

V_1 Correspond au volume du réfrigérant écoulée pendant la duré du temps « t » nécessaire pour atteindre la pression P_2 à l'intérieure du bloc « chambre de régulation-cylindre »

Donc on a

$$Q_{Va} = \frac{Q_{Vb}}{\eta V_0} = \frac{535}{0.58} = 922.4 \ m^3/h$$

$$Q_m = \frac{Q_{Vb}}{V'_1} = \frac{922.4}{0.05} = 1590 \ Kg/h = 5.12 \ Kg/s$$

$$\Rightarrow Q_V = \frac{Q_m}{\rho} = 0.004 \ m^3/s$$

$\Rightarrow$ V=0.004m^3 (volume de réfrigérant écoulé pendant une seconde à la sortie du condenseur)

Donc $N = \frac{V_1}{V} = 17.5 \Rightarrow t = 17.5s$.

On estime « t » à 20 secondes, alors le piston effectue une phase motrice chaque 20 seconde et un déplacement libre de va et vient dans le reste du temps « t ».

On choisi un voulant d'inertie qui donne la vitesse de rotation constante similaire à la vitesse moyenne constante du piston.

On estime la vitesse moyenne de piston à 10 m/s.

On a **F= $P_{atmosphérique}$ × S =78500 N**

$\Rightarrow P = F \times V = 785\ 000W = 785 \ KW = 0.785 \ MW$.

Le rendement de conversion de l'énergie mécanique en énergie électrique est 0.8 alors $P_{électrique} = 628 \ KW = 0.628 \ MW$.

Principe de conservation de l'énergie

Energie d'entré = énergie de la pression atmosphérique (converti en énergie cinétique par le voulant d'inertie) + énergie absorbé par le compresseur + énergie consommé par les deux ventilateurs.

Energie de sortie = énergie électrique donné par l'alternateur.

Rendement $\tau = 0.7$

Machine atmosphérique à cycle frigorifique

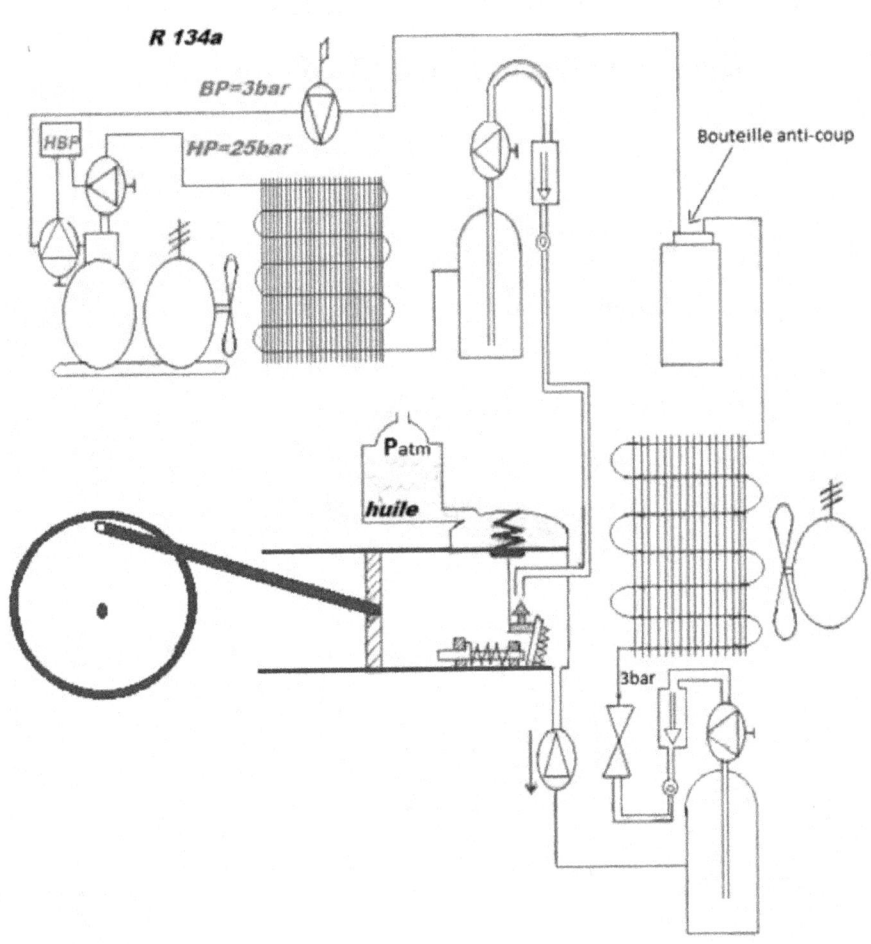

INVENTION D'UN NOUVEL APPAREIL POUR LA PROTECTION DES COURANTS DE FUITE

Copyright Sadok JABLI, 2013

Préambule

IL s'agit d'une description complète de l'invention d'un nouvel appareil pour la protection des courants de fuite (masse métallique mise accidentellement sous tension) avec tous les détails techniques et scientifiques

L'appareil de protection contre le contact indirect sans prise de terre est destiné à minimiser les risques résultant des inconvénients des disjoncteurs différentielles et des régimes de neutre et protéger des millions d'utilisateurs autour du monde qui n'ont pas une prise de terre où se trouve le plus grand nombre des victimes des chocs électriques.

INVENTION

APPAREIL DE PROTECTION

DESCRIPTION

I-PRESENTATION

La présente invention concerne un appareil de protection contre le contact indirecte (masse métallique mise accidentellement sous tension) sans prise de terre) et quelque soit le type de l'installation (avec prise de terre / sans prise de terre).

Cet appareil contient :

-un dispositif de protection contre le contact indirect sans prise de terre.

-un détecteur de tension de défaut sans prise de terre.

1-Dispositif de protection contre le contact indirect (masse métallique mise accidentellement sous tension) sans prise de terre:

Ce dispositif met la machine hors tension et alimente un voyant dans le seul temps d'action compris entre 10 et 20 ms dés qu'il détecte une tension de contact $Ud=20Vac$ et sans nécessité de liaison à la terre

La tension de déclenchement du dispositif $Uc=20Vac$ est inferieur à limite supérieure de protection de sécurité définie par la norme $UL=24Vac$ pour les locaux mouillé.

Cette tension de déclenchement n'est pas indépendante de l'intensité de défaut qui est la cause essentielle du danger électrique et la relation est la suivante:

Valeur peut être mortelle

25mA en courant alternatif

La résistance du corps humain est d'environ 1000 Ω lorsqu'il a la peau humide

Il y aura danger pour une tension U=0.025*1000=25 Vac ; On fixe donc la tension limite de protection à UL=24Vac

Dans un local sec et peau sèche UL=50Vac.

Le dispositif est utilisable quelle que soit le type de l'installation (avec prise de terre ou sans prise de terre).

- Pour les installation sans prise de terre: le dispositif de protection contre le contact indirect sans prise de terre est destiné à protégé des millions d'utilisateurs autour du monde qui n'ont pas une prise de terre où se trouve le plus grand nombre des victimes des chocs électrique.

- Pour les installations équipés d'un prise de terre le dispositif de protection sans prise de terre est destiné à minimisé les risques résultant des inconvénients des disjoncteurs différentielles et des régimes de neutre sans aucune influence sur le fonctionnement des autres dispositifs de protection utilisés.

-le déclenchement du dispositif dépend de la tension de contact Uc=20Vac qui n'a aucune danger sur le corps humain par contre le disjoncteur différentielle de sensibilité 0.3A n'assure aucune protection si le courant de défaut est inferieur à 0.3A et la tension de contact est 230Vac (Ce défaut peut être mortel car 20mA provoque la contractions des diaphragmes des muscle respiratoires et 30mA provoque un risque important de fibrillation cardiaque.

-les problèmes qui se posent au niveau de la prise de terre n'ont aucune influence sur le fonctionnement du dispositif.

Le dispositif permet de localisé le défaut et mettre la machine défectueuse hors tension dés le premier défaut.

- Le dispositif permet de localisé le défaut même dans le cas d'un second défaut sur la même phase ce qui est pratiquement impossible pour le régime de neutre IT.

- La perturbation ne provoque pas le déclenchement intempestif du dispositif.

- le dispositif de protection contre le contact indirect (défaut d'isolement) sans prise de terre est disponible en deux types : monophasées et triphasées.

- il n'a aucune influence sur le fonctionnement des dispositifs et des machines associées à la prise de terre.

- **Pour les groupes électrogènes :**

- Les groupes électrogènes constituent une source d'énergie électrique dans les milieux isolés du réseau électrique, ou un substitut de secours en cas de panne électrique sur le réseau. L'accessibilité à la masse du groupe et les contacts fréquents avec celle-ci, ainsi que l'impossibilité de réaliser des liaisons sûres et permanentes avec une prise de terre fiable nécessitent une attention toute particulière afin d'assurer dans tous les cas, la protection utilisateurs. Le dispositif sus indiqué résout ce problème.

2-Détecteur de tension de défaut sans prise de terre

-Ce détecteur joue un rôle de surveillance et de localisation de défaut sans aucune puissance de coupure.

-Il peut détecter la tension de défaut dés qu'elle atteint 20Vac sans nécessité de liaison à la terre et alimente un voyant ou un système d'alarme dans un temps compris entre 10 et 20ms.

-le détecteur sans prise de terre est destiné à utiliser dans les milieux industriels.

-il permet de localiser rapidement le défaut sans avoir besoin d'une prise de terre qui peut lui même être un facteur de disfonctionnement des autres dispositifs de protection

-il n'a aucune influence sur le fonctionnement des dispositifs et des machines associées à la prise de terre.

II-EXPLICATION

Le principe de fonctionnement de cette invention est de détecter la tension de défaut au niveau de la masse métallique de la machine défectueuse et l'exploiter pour commander des relais électromagnétique (relai automobile 12Vcc/35A).

-En cas d'un défaut d'isolement la tension de contact apparait lorsque le corps humain est soumis dans la différance de potentielle entre la masse métallique et le sol.

-l'invention présente une méthode qui permet d'utiliser la tension de défaut sans aucune liaison avec la terre et l'exploiter pour commander des relais électromagnétique à l'aide d'un transistor de puissance NPN.

-le dispositif est composé de trois parties:

Partie1: Alimentation

Cette partie est très semblable à une alimentation capacitif avec un peut de modification; elle est destiné à redresser toutes tensions compris entre 20 et 230Vac ==>0.006A < Is <0.07A

Diode Zener 12V à la sortie de l'alimentation

SCHEMA1

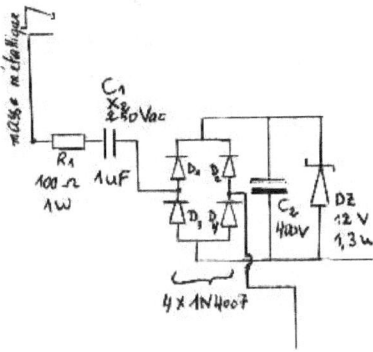

Pour Uc=220V on a Uc= Z*I avec C= 1uF et C=50Hz alors I= U/Z= U*2π*f*c

AN: Is=0.07A=70mA

Pour Uc=20Vac   Is=0.006A=6mA

Partie2:   Point fixe de décharge

Cette partie aide à l'apparition de la tension de défaut et à la décharge du condensateur X2 sans revenir directement au neutre de l'installation

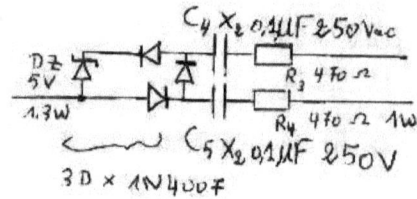

SCHEMA2 :

Is=0.005A=5mA consommer par la diode led.

-On peut toucher le point fixe de décharge sans aucun danger parce que le courant qui est la cause essentielle du danger est pratiquement nul.

Partie3 : commande des relais électromagnétique

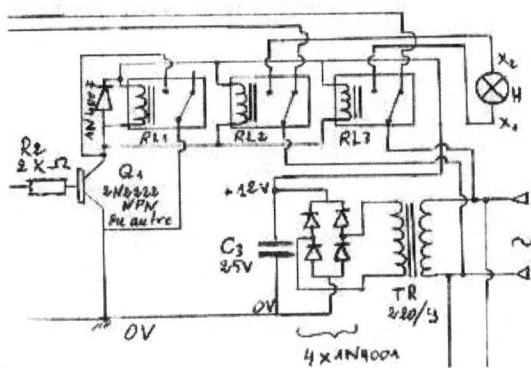

Schéma 3 :

Cette partie est composée de :

- Un transistor de puissance NPN 2N2222

- Une résistance R=2000Ω

$U_s = RI$ → $R = U_s/I = 12/0.006 = 2k\Omega$

Us: tension de sortie de la partie1

Is : courant de sortie de la partie 1

-des relais électromagnétiques 1RT-NO/NF

Le nombre des relais est choisi suivant le type du dispositif :

- Dispositif pour machine monophasée contient 3 relais de type 1RT-NO/NF
  - un relai joue le rôle de maintien pour garder les bobines excitées après le déclenchement
  - deux relais pour isoler la machine et alimenter le voyant
- Dispositif pour machine triphasé contient 4 relais de type 1RT-NO/NF
  -un relai joue le rôle de maintien pour garder les bobines excitées après le déclenchement

-Trois relais pour isoler la machine et alimenter le voyant ou le système d'alarme
- Détecteur de tension de défaut contient deux relais de type 1RT-NO/NF
-un relai joue le rôle de maintien pour garder les bobines excitées après le déclenchement
-un relai pour alimenter le voyant ou le système d'alarme.

Dispositif de protection contre les chocs électriques provoqué par le contact indirect pour les machines monophasées.

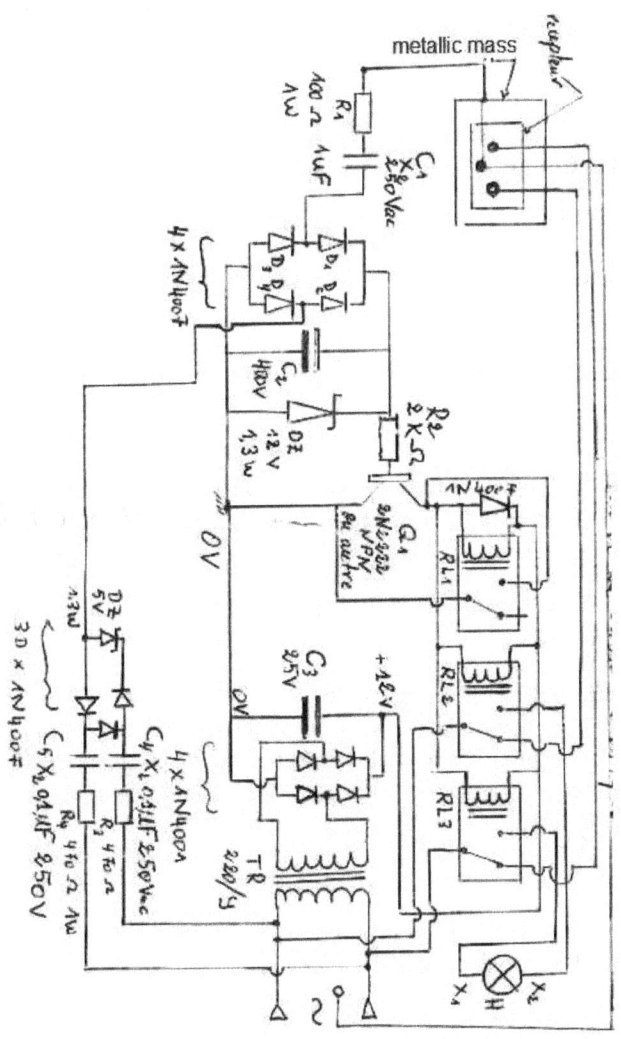

Abrégé

La présente invention concerne un appareil de protection contre le contact indirecte (masse métallique mise accidentellement sous tension) sans prise de terre.

Cet appareil contient :

-un dispositif de protection contre le contact indirect (masse métallique mise accidentellement sous tension) sans prise de terre.

-un détecteur de tension de défaut sans prise de terre.

1-Dispositif de protection contre le contact indirect (masse métallique mise accidentellement sous tension) sans prise de terre:

Ce dispositif met la machine hors tension et alimente un voyant dans le seul temps d'action compris entre 10 et 20 ms dés qu'il détecte une tension de contact $Ud=20Vac$ et sans nécessité de liaison à la terre

La tension de déclenchement du dispositif $Uc=20Vac$ est inferieur à la limite supérieure de protection de sécurité définie par la norme $UL=24Vac$ pour es locaux mouillé.

Le dispositif est utilisable quelle que soit le type de l'installation (avec prise de terre/sans prise de terre).

- Pour les installation sans prise de terre :
  le dispositif de protection contre le contact indirect sans prise de terre est destiné à protégé des millions d'utilisateurs autour du monde qui n'ont pas une prise de terre où se trouve le plus grand nombre des victimes des chocs électrique.

- Pour les installations équipées d'une prise de terre :

    - le dispositif de protection sans prise de terre est destiné à minimisé les risques résultants des inconvénients des disjoncteurs différentielles et des régimes de neutre sans aucune influence sur le fonctionnement des autres dispositifs de protection utilisés.

- le déclenchement du dispositif dépend de la tension de contact Uc=20Vac qui n'a aucune danger sur le corps humain par contre le disjoncteur différentielle de sensibilité 0.3A n'assure aucune protection si le courant de défaut est inferieur à 0.3A et la tension de contact est 230Vac (Ce défaut peut être mortel car 20mA provoque la contractions des diaphragmes des muscle respiratoires et 30mA provoque un risque important de fibrillation cardiaque.

- les problèmes qui se posent au niveau de la prise de terre n'ont aucune influence sur le fonctionnement du dispositif.

- Le dispositif permet de localisé le défaut et mettre la machine défectueuse hors tension dés le premier défaut.

- Le dispositif permet de localisé le défaut même dans le cas d'un second défaut sur la même phase ce qui est pratiquement impossible pour le régime de neutre IT.

- La perturbation ne provoque pas le déclenchement intempestif du dispositif.

- le dispositif de protection contre le contact indirect (défaut d'isolement) sans prise de terre est disponible en deux types : monophasées et triphasées.

- **Pour les groupes électrogènes :**

- Les groupes électrogènes constituent une source d'énergie électrique dans les milieux isolés du réseau électrique, ou un substitut de secours en cas de panne électrique sur le réseau. L'accessibilité à la masse du groupe et les contacts fréquents avec celle-ci, ainsi que l'impossibilité de réaliser des liaisons sûres et permanentes avec une prise de terre fiable nécessitent une attention toute particulière afin d'assurer dans tous les cas, la protection utilisateurs. Le dispositif sus indiqué résout ce problème.

2-Détecteur de tension de défaut sans prise de terre

Ce détecteur joue un rôle de surveillance et de localisation de défaut sans aucune puissance de coupure.

Il est destiné à utiliser dans les milieux industriels sans aucune influence sur le fonctionnement des dispositifs et des machines associées à la prise de terre.

Il permet de :

-détecter la tension de défaut dés qu'elle atteint 20Vac sans nécessité de liaison à la terre et alimente un voyant ou un système d'alarme dans un temps compris entre 10 et 20ms.

-localiser rapidement le défaut sans avoir besoin d'une prise de terre qui peut lui même être un facteur de disfonctionnement des autres dispositifs de protection.

Revendication

1- Appareil de protection contre le contact indirect (masse métallique mise accidentellement sous tension) sans prise de terre caractérisé en ce qu'il comporte :

 - Dispositif de protection contre les chocs électriques provoqué par le contact indirect sans prise de terre pour les machines monophasées.

 - Dispositif de protection contre les chocs électriques provoqué par le contact indirect sans prise de terre pour les machines triphasées.

 - Détecteur de tension de défaut provoqué par le contact indirect sans prise de terre.

2- Dispositif de protection contre les chocs électriques provoqué par le contact indirect (masse métallique mise accidentellement sous tension par rupture d'isolant) sans prise de terre pour les machines monophasées destiné à mettre la machine hors tension dés que la tension de contact atteint 20Vac dans un tems compris entre 10 et20ms et utilisable quelque soit le type de l'installation (avec prise de terre / sans prise de terre) selon la revendication 1.

3- Dispositif de protection contre les chocs électriques provoqué par le contact indirect (masse métallique mise accidentellement sous tension par rupture d'isolant) sans prise de terre pour les machines triphasées destiné à mettre la machine hors tension dés que la tension de contact atteint 20Vac dans un tems compris entre 10 et20ms et utilisable quelque soit le type de l'installation (avec prise de terre / sans prise de terre) selon la revendication 1.

4- Détecteur de tension de défaut provoqué par le contact indirect (masse métallique mise accidentellement sous tension par rupture d'isolant) sans prise de terre destiné à localisé la machine défectueuse dans un tems compris entre 10et20ms et utilisable quelque soit le type de la machine (monophasée /triphasée) et quelque soit le type de l'installation (avec prise de terre / sans prise de terre) selon la revendication 1.

www.ingramcontent.com/pod-product-compliance
Lightning Source LLC
Chambersburg PA
CBHW070304220526
45465CB00004B/1739